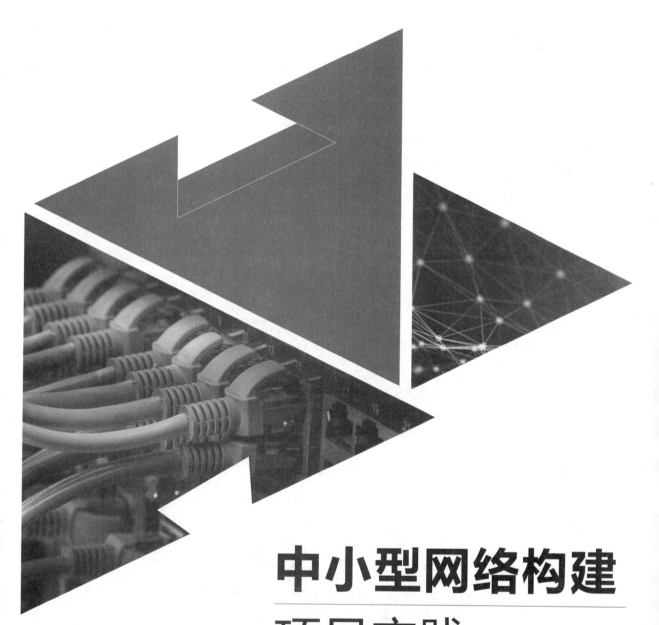

H3C 认证系列教程

中小型网络构建

项目实践

新华三技术有限公司 / 编著

清华大学出版社

北京

内 容 简 介

本书从简到难,以贴近实际网络的动手实验为主,配合通俗易懂、深入浅出的知识介绍,通过项目式教学的方式模拟实际网络工程项目,让读者能够学习到大量的 H3C 网络设备(路由器、交换机)配置及实施技能,包括网络设备的基本操作、VLAN 配置、IP 地址规划、STP 配置、802.1x 配置、路由协议配置、ACL 配置、NAT 配置、DHCP 配置等。

本书适合作为高等院校、职业院校信息技术相关专业的教材,也适合具备一定 IP 网络基础知识,同时想要学习 H3C 网络知识并具有较强动手能力的读者自学使用。

图书在版编目(CIP)数据

中小型网络构建项目实践/新华三技术有限公司编著. —北京:清华大学出版社,2023.8(2024.8重印)
H3C 认证系列教程
ISBN 978-7-302-63801-8

Ⅰ. ①中… Ⅱ. ①新… Ⅲ. ①计算机网络—教材 Ⅳ. ①TP393

中国国家版本馆 CIP 数据核字(2023)第 105794 号

责任编辑:田在儒
封面设计:李　丹
责任校对:袁　芳
责任印制:丛怀宇

出版发行:清华大学出版社
　　　网　　　址:https://www.tup.com.cn,https://www.wqxuetang.com
　　　地　　　址:北京清华大学学研大厦 A 座　　　邮　　编:100084
　　　社 总 机:010-83470000　　　邮　　购:010-62786544
　　　投稿与读者服务:010-62776969,c-service@tup.tsinghua.edu.cn
　　　质量反馈:010-62772015,zhiliang@tup.tsinghua.edu.cn
印 装 者:北京同文印刷有限责任公司
经　　销:全国新华书店
开　　本:185mm×260mm　　　印　　张:14.25　　　字　　数:351 千字
版　　次:2023 年 8 月第 1 版　　　印　　次:2024 年 8 月第 2 次印刷
定　　价:49.00 元

产品编号:101202-01

新华三人才研学中心认证培训开发委员会

顾　问　于英涛　尤学军　毕首文
主　任　李　涛
副主任　徐　洋　刘小兵　陈国华　李劲松
　　　　邹双根　解麟猛

认证培训教材编委会

陈　喆　曲文娟　张东亮　朱嗣子　吴　昊
金莹莹　陈洋飞　曹　珂　毕伟飞　胡金雷
王力新　尹溶芳　郁楚凡

本书编写人员

主　　编　胡金雷
参编人员　张　鑫　丁　犁

版 权 声 明

H3C 认证系列教程

《中小型网络构建项目实践》

新华三技术有限公司　编著

2023 年 8 月印刷

出版说明

随着互联网上各项业务的快速发展,本身作为信息化技术分支之一的网络技术已经与人们的日常生活密不可分,在越来越多的人依托网络进行沟通的同时,网络本身也演变成了服务、需求的创造和消费平台。

如同人类各民族之间语言的多样性一样,最初的计算机网络通信技术也呈现多样化发展。不过随着互联网应用的成功,IP 作为新的力量逐渐消除了这种多样性趋势。在大量开放式、自由式的创新和讨论中,基于 IP 的网络通信技术被积累完善起来;在业务易于实现、易于扩展、灵活方便性的选择中,IP 标准逐渐成为唯一的选择。

新华三技术有限公司(H3C)作为国际领先的数字化解决方案提供商,一直专注于 IP 网络通信设备的研发和制造。H3C 的研发投入从成立伊始,一直高达公司营收的 12% 以上,截至 2022 年,H3C 累计申请了 13700 多个专利。

为了使广大网络产品使用者和网络技术爱好者能够更好地掌握 H3C 产品使用方法和 IP 网络技术,H3C 相关部门人员开发了大量的技术资料,详细介绍了相关知识。这些技术资料大部分是公开的,在 H3C 的官方网站(www.h3c.com.cn)上都能找到并可以下载。

许多合作伙伴和学校、机构、网络技术爱好者多次表达希望 H3C 能够正式出版其技术资料,包括网络学院教材、产品配置手册、典型配置案例、行业解决方案等。作为国内 IP 领域技术和通信设备制造的领导者,新华三公司深感自身责任重大,责无旁贷。

2004 年 10 月,新华三的前身——华为 3Com 公司出版了自己的第一本网络学院教材,开创了 H3C 网络学院教材正式出版的先河,极大地推动了 IP 技术在网络技术业界的普及;在后续的几年间,H3C 陆续出版了《IPv6 技术》《路由交换技术详解与实践 第 1 卷》《路由交换技术详解与实践 第 2 卷》《路由交换技术详解与实践 第 3 卷》《路由交换技术详解与实践 第 4 卷》等网络学院教材系列书籍,极大地推动了 IP 技术在网络学院和业界的普及。

另外,为了提升网络技术学习的效率,降低学习成本,H3C 工程师结合中高职类院校学生的技能需求,基于 H3C 云实验室 HCL 编写了本系列教材,可以让院校老师和学生在没有网络设备的情况下,能够进行绝大部分网络设备的操作练习。H3C 希望通过这种形式,探索出一条理论和实践相结合的教育方法,顺应国家提倡的"学以致用、工学结合"教育方向,培养更多实用型的网络工程技术人员。

希望在 IP 技术领域,这一系列教材能回馈广大网络技术爱好者,为推进中国 IP 技术发展尽绵薄之力,同时也希望读者对我们提出宝贵的意见。

新华三人才研学中心认证培训开发委员会

2023 年 3 月

H3C 认证培训体系是国内第一家建立国际规范的完整的网络技术认证体系,也是中国第一个走向国际市场的 IT 厂商认证,在产品和教材上都具有完全的自主知识产权,具有很高的技术含量,并专注于客户技术和技能提升,已成为当前权威的 IT 认证品牌之一,曾获"十大影响力认证品牌""最具价值课程""高校网络技术教育杰出贡献奖""校企合作奖"等专业奖项。

截至 2022 年年底,已有 28 万人获得各类 H3C 认证证书。H3C 认证体系是基于新华三在 ICT 业界多年实践经验制订的技术人才标准,强调"专业务实,学以致用",H3C 认证证书能有效证明证书获得者具备设计和实施数字化解决方案所需的 ICT 技术知识和实践技能,帮助证书获得者在竞争激烈的职业生涯中保持强有力的竞争实力。H3C 认证体系在各大院校以网络学院课程的形式存在,帮助网络学院学生进入 ICT 技术领域,获得相应的能力,以实现更好的就业。

按照技术应用场合的不同,同时充分考虑客户不同层次的需求,新华三人才研学中心为客户提供了从工程师到技术专家的技术认证和专题认证体系,以及从基础架构规划专家到解决方案架构官的架构认证体系。同时针对中高职类院校学生的需求推出 H3C 入门级认证,该认证作为 H3C 入门级认证,是学生进入 ICT 领域的敲门砖,是考取 H3C 高阶认证的基础。

前　言

　　中国共产党第二十次全国代表大会报告指出："我们要坚持教育优先发展、科技自立自强、人才引领驱动,加快建设教育强国、科技强国、人才强国,坚持为党育人、为国育才,全面提高人才自主培养质量,着力造就拔尖创新人才,聚天下英才而用之。"

　　随着互联网技术的广泛普及和应用,通信及电子信息产业在全球迅猛发展起来,从而也带来了网络技术人才需求量的不断增加,网络技术教育和人才培养成为高等院校一项重要的战略任务。

　　为助力高校推进人才培养模式改革,促进人才培养与产业需求紧密衔接,深化产教融合、校企合作,H3C 依托自身处于业界前沿的技术积累及多年校企合作的成功经验,本着"专业务实,学以致用"的理念,联合高校教师将产业前沿技术、项目实践与高校的教学、科研相结合,共同推出适用于高校人才培养的"H3C 认证系列教程",本系列教程注重实践应用能力的培养,以满足国家对新型 IT 人才的迫切需求。

　　《中小型网络构建项目实践》主要以贴近实际网络的动手实验为主,内容由浅入深,配合通俗易懂、深入浅出的知识介绍,并采取项目式教学的方式来模拟实际网络工程项目。这充分突显了 H3C 认证系列教程的特点——专业务实,学以致用。本书课程经过精心设计,便于知识的连贯和理解,读者可以在较短的学时内完成全部内容的学习,从而掌握大量的 H3C 网络设备(路由器、交换机)配置及实施技能。本书适合以下几类读者。

　　职业院校在校学生:本书可作为院校计算机类、电子信息类相关专业的教学教材或自学参考书。

　　公司职员:本书能够使员工根据应用场景快速配置 H3C 网络设备,帮助员工理解和熟悉 H3C 网络设备相关网络应用和设置,提升工作效率。

　　一般用户:本书可以作为所有对网络技术感兴趣的爱好者学习网络技术、提高动手能力的自学参考书籍。

　　全书共包含 14 个教学项目。

项目 1　两台计算机简单互联

　　本项目模拟一个两台 PC 的小型工作组,使用网线直接互联来构建简单局域网。通过本项目学习,读者可以掌握网络制作、基本 TCP/IP 配置等内容。

项目 2　利用以太网交换机组建局域网

　　本项目通过一台二层以太网交换机进行网络互联,从而使多台 PC 能够互联。通过本项目学习,读者可以学习并掌握以太网交换机的基础配置、MAC 地址学习原理等内容。

项目 3　VLAN 及交换机级联

本项目通过在交换机上划分 VLAN 隔离广播域,然后配置 VLAN 虚接口来进行三层转发,从而扩大局域网的范围。通过本项目学习,读者可以学习并掌握以太网交换机上的 VLAN、VLAN 虚接口配置等内容。

项目 4　IP 地址规划

本项目在项目中使用工具软件进行 IP 地址规划。通过本项目学习,读者可以学习并掌握 IP 地址规划的实用技能。

项目 5　生成树协议

本项目使用 STP 进行环路避免,然后根据需求对 STP 进行优化。通过本项目学习,读者可以理解广播风暴的产生,掌握 STP 的基本配置,并对 STP 进行基本的优化。

项目 6　802.1x 认证

本项目使用 802.1x 认证进行接入认证,从而使读者了解 802.1x 认证的基本应用和配置。

项目 7　路由器基础配置

本项目对路由器进行基础配置。通过本项目学习,读者可以了解 H3C 路由器的基本知识,掌握如何登录 H3C 路由器,并对路由器进行基本的配置。

项目 8　静态路由

本项目使用静态路由进行网络互联互通,从而使读者了解静态路由、默认路由的基本应用场景和配置。

项目 9　动态路由协议——OSPF

本项目使用 OSPF 协议进行网络互联互通,从而使读者了解 OSPF 路由协议的基本应用场景、基本工作原理和配置。

项目 10　用 ACL 实现包过滤

本项目使用 ACL 进行访问控制,从而使读者了解 ACL 的基本应用场景、包过滤防火墙的基本工作原理和配置。

项目 11　NAT 地址转换

本项目使用 NAT 以使内网用户能够通过地址转换而访问外网。通过本项目学习,读者可以了解 NAT 的基本应用场景、NAT 类型及相关的基本工作原理和配置。

项目 12　DHCP 应用

本项目使用路由器作为 DHCP 服务器,以使用户能够自动获得 IP 地址。通过本项目学习,读者可以了解路由器上 DHCP Server 功能的基本配置,以及交换机上 DHCP Relay 的基本工作原理和配置。

项目 13　网络设备的文件、用户管理和升级

本项目通过讲解对网络设备进行运行维护的常见操作,使读者能够掌握系统和配置文件管理、用户管理、软件升级操作等技能。

项目 14　××公司网络建设

本项目通过一个网络建设的综合项目,对本书中所有知识点进行总结,同时加强读者的整网概念。通过本项目学习,读者能够对 VLAN、OSPF、ACL、802.1x、NAT、DHCP 的应用和配置

有更进一步的理解。

附录 A 华三云实验室

附录 A 是 H3C 网络模拟器(HCL)的下载、安装及基本操作方法,在没有实际设备的情况下也可以完成上述大部分实验。

附录 B BootWare 菜单

附录 B 是 H3C 的 MSR 路由器的 BootWare 菜单详细操作及解释。

目 录

两台计算机简单互联

通过本项目的实施,应具备以下能力。

- 描述 TCP/IP 基本的概念;
- 了解物理层的相关概念;
- 掌握网线(双绞线)的制作方法。

1.1 项目简介

本项目主要模拟一个由两台计算机(PC)构成的简单网络,使用双绞线直连的方法构建简单局域网。同时介绍关于 TCP/IP 网络的一些基础知识。

1.2 项目任务和要求

1. 项目任务

(1) 制作双绞线。

(2) 配置 TCP/IP 协议,实现两台 PC 之间的简单互联。

2. 项目完成时间

1 小时。

3. 项目质量要求

(1) PC 间能够互联互通。

(2) 网线制作美观,质量符合要求。

4. 安全与文明(6S)

项目实施时应注意安全与文明(6S)规范,包括但不限于以下规范。

(1) 设备、模块、线缆应按类分别摆放整齐。

(2) 所使用的耗材、线头等不要随意丢弃。

(3) 接触设备、模块等电子设备时要穿戴防静电服或防静电手腕带。

(4) 非项目要求,不随意关机断电重启。

(5) 工作成果(配置文件)注意随时保存。

(6) 如果设备上有模块,则不在开机状态下进行拔插操作。

(7) 保持现场干净整洁,及时清理。

1.3 项目设备及器材

本项目所需的设备及器材如表1-1所示。

表 1-1　设备及器材

名称和型号	版　本	数量	描　　述
卡线钳	—	1	—
PC	Windows 10	2	—
5 类双绞线和水晶头	—	若干	—
电缆测试仪	—	1	—

1.4　项目背景

张刚和赵强是大学室友,他们平时会为他们的导师编写一些程序。由于他们主要的工作都在他们公寓的两台计算机上进行,为工作方便,现在需要将他们两人的 PC 互联起来以实现数据和文件的共享。

1.5　项目分析

对于配置了网络接口卡的两台 PC 之间的简单互联,通常可以使用双绞线,如图 1-1 所示。

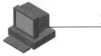
双绞线

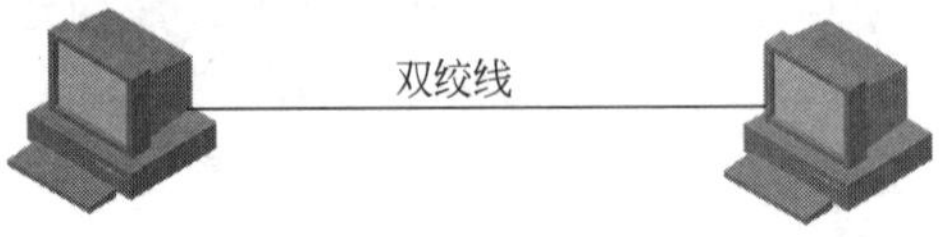

图 1-1　两台计算机(PC)之间的简单互联

双绞线(twisted pair,TP)由两根具有绝缘保护层的铜导线组成,把一对或多对双绞线放在一个绝缘套管中便成了双绞线电缆,如图 1-2 所示。双绞线电缆比较柔软,便于在墙角等不规则地方施工。双绞线主要是用来传输模拟声音信息,也可用于数字信号的传输。在大多数应用中,双绞线的最大布线长度为 100m。根据距离长短,数据传输速率一般为 10～100Mbps。然而,新技术允许在高质量的双绞线上传输 1000Mbps 的数据或更高。

网络接口卡(network interface card,NIC)负责将设备所要传递的数据转换为网络上其他设备能够识别的格式,通过网络介质传输数据,它的主要技术参数为带宽、总线方式、电气接口方式等。目前主要的 PC 都配备了网络接口卡,如图 1-3 所示。

图 1-2　双绞线电缆

图 1-3　网络接口卡

每个网络接口卡都有一个物理地址(MAC 地址)。这个 MAC 地址在网络接口卡出厂时,由网络接口卡制造商把 MAC 地址写入网络接口卡的 ROM 芯片中。假如将网络接口卡插在计算机的主板中,那么这台计算机就具有了 MAC 地址。MAC 地址是唯一的,不存在两块相同 MAC 地址的网络接口卡。有关 MAC 地址的详细知识将在后续的章节中讨论。

上面介绍了如何通过双绞线互联 PC,这是物理上的连接。那么两台 PC 之间如何进行通信呢?计算机网络的通信是由不同类型的网络设备之间通过协议来实现的。协议(protocol)是一系列规则和约定的规范性描述,它定义了设备间通信的标准。使用哪一种设备并不重要,但这些设备一定要使用相同的协议。就像人们进行语言交流一样,是哪个国家的人并不重要,只要都讲相同的语言就可以沟通。图 1-4 描述了设备间通过协议实现通信。

图 1-4　相同协议进行通信

TCP/IP(transmission control protocol/internet protocol)是发展至今最成功的通信协议,它被用于构筑目前最大的、开放的互联网络系统 Internet。TCP/IP 是一组通信协议的代名词,这组协议使任何具有网络设备的用户能访问和共享 Internet 上的信息,其中最重要的协议族是传输控制协议(TCP)和网际协议(IP)。TCP 和 IP 是两个独立且紧密结合的协议,负责管理和引导数据报文在 Internet 上的传输。二者使用专门的报文头定义每个报文的内容。TCP 负责和远程主机的连接;IP 负责寻址,使报文被送到其该去的地方。

TCP/IP 分为不同的层次开发,每层负责不同的通信功能。TCP/IP 主要包括(见图 1-5)如下五层。

- 应用层;
- 传输层;
- 网络层;
- 数据链路层;
- 物理层。

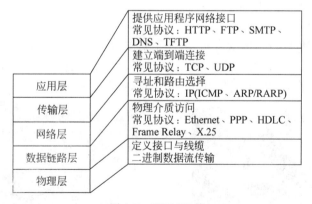

图 1-5　TCP/IP 栈

其中,物理层负责处理对介质的访问,实现传输数据需要的机械、电气、功能及接口等特性。数据链路层提供检错、纠错、流量控制等措施,使之对网络层显现为一条无差错的线路。网络层检查网络拓扑,以决定传输报文的最佳路由,执行数据转发。其关键问题是确定数据包从源端到目的端如何选择路由。

传输层的基本功能是为两台主机间的应用程序提供端到端的通信。传输层从应用层接收数据,并且在必要的时候把它分成较小的单元,传递给网络层,并确保到达对方的各段信息正确无误。

应用层负责处理特定的应用程序细节。应用层显示接收到的信息,把用户的数据发送到低层,为应用软件提供网络接口。

上面介绍的双绞线属于 TCP/IP 栈中物理层的位置。在以太网背景下,要实现 PC 之间的通信,首先必须有物理上的连接(物理层),其次必须有 MAC 地址(数据链路层),最后必须有 IP 地址(网络层),至于传输层协议的使用则和具体的应用相关。

1.6 项目实施

通过以上分析,两人决定通过双绞线来实现两台 PC 的连通。具体实施过程包括:制作网线连接 PC;配置 TCP/IP;检测连通性。

1.6.1 制作网线连接 PC

以目前应用最广泛的 RJ-45 连接器为例,下面介绍双绞线的制作方法。

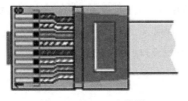

图 1-6 RJ-45 连接器

准备制作网线的工具和材料:

* RJ-45 卡线钳一把;
* RJ-45 连接器(俗称水晶头),如图 1-6 所示;
* 双绞线。

制作过程可分为四步,简单归纳为"剥""理""插""压"四个字。具体操作步骤如下。

1. 剥线

用卡线钳的剪线刀口将双绞线端头剪齐,再将双绞线端头伸入剥线刀口,使线头触及前挡板,然后适度握紧卡线钳的同时慢慢旋转双绞线,让刀口划开双绞线的保护胶皮,取出端头从而剥下保护胶皮。注意:握卡线钳的力度不能过大,否则会剪断芯线;剥线的长度为 15～18mm,不宜太长或太短,如图 1-7 所示。

2. 理线

双绞线由 8 根有色导线两两绞合而成,首先制作其中一端的接头。

将线头整理平行,从左到右按橙白、橙、绿白、蓝、蓝白、绿、棕白、棕色平行排列。整理完毕后用剪线刀口将前端修齐,并留下约 14mm 的长度,如图 1-8 所示。

图 1-7 卡线钳剥线

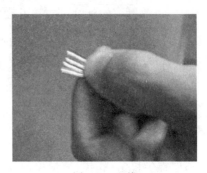

图 1-8 理线

3. 插线

将8根线并拢后，一只手捏住水晶头，将水晶头有弹片一侧向下，另一只手捏平双绞线，稍稍用力将排好的线平行插入水晶头内的线槽中，8根导线顶端应插入线槽顶端。将并拢的双绞线插入RJ-45接头时，注意"橙白"线要对着RJ-45的第一脚，如图1-9所示。

4. 压线

确认所有导线都到位后，将水晶头放入压线钳夹槽中，用力捏几下压线钳，压紧线头即可。注意：压过的RJ-45接头的8只金属脚一定会比未压过的低，这样才能顺利地嵌入芯线中。有些压线器甚至必须在接脚完全压入后才能松开握柄，取出RJ-45接头，否则接头会卡在压线钳夹槽中取不出来，如图1-10所示。

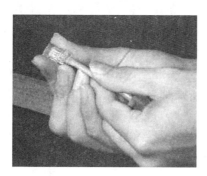

图1-9　插线

图1-10　压线

现在，已经完成了线缆一端的水晶头的制作，然后需要制作双绞线的另一端的水晶头。但这要依据网络所接设备的不同情况来排列双绞线中线的顺序。按照双绞线两端线序的不同，通常划分为两类双绞线。一类两端线序排列一致，一一对应，即不改变线的排列，称为直连网线；另一类是改变线的排列顺序，采用"1-3，2-6"的交叉原则排列，称为交叉网线。图1-11是直连网线两端的线序示意图，可以看出两端线序是一样的。

交叉网线的两端线序是不一致的，如图1-12所示，要求双绞线的两头连线要"1-3，2-6"进行交叉，即如果在一端，橙白线对应到水晶头的第一个脚，则在另一端的水晶头，橙白线要对应到其第三个脚。

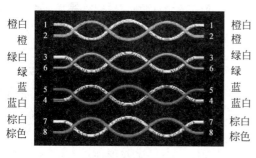

图1-11　直连网线

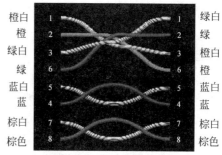

图1-12　交叉网线

在进行设备连接时，需要正确地选择线缆。我们将设备的RJ-45接口分为MDI(media dependent interface)和MDIX两类。当同种类型的接口通过双绞线互联时（两个接口都是MDI或都是MDIX），使用交叉网线；当不同类型的接口（一个接口是MDI，另一个接口是MDIX）通过双绞线互联时，使用直连网线。

因此,互联两台 PC 需要制作的是交叉网线。

注意

由于通常 PC 的网络接口为 MDI,所以当 PC 和 PC 之间直接相连时,需要使用交叉网线。随着技术的发展,目前大部分新的网络设备,可以自动地识别连接的网线类型,用户不管采用直连网线或者交叉网线均可以正确连接设备。

5. 测线

制作完双绞线后,下一步需要检测它的连通性。通常使用电缆测试仪进行检测。测试时,将双绞线两端分别插入信号发射器和信号接收器,打开电源,同一条线的指示灯会一起亮起来,例如发射器的第一个指示灯亮时,若接收器第一个指示灯也亮,表示两者第一只脚接在同一条线上;若发射器的第一个指示灯亮时,接收器第七个指示灯亮,则表示线序连接

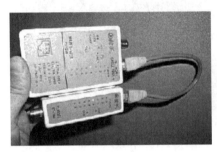

图 1-13　电缆测试仪

错误(不论是直连网线还是交叉网线,都不可能有 1对 7 的情况);若发射器的第一个指示灯亮时,接收器却没有任何指示灯亮起,那么这只脚与另一端的任一只脚都没有连通,可能是导线中间断了,或是两端至少有一个金属片未接触该条芯线。制作完成的线缆一定要经过测试后才能使用,否则断路会导致无法通信,短路有可能损坏网络设备。图 1-13 是电缆测试仪的图例。

6. 连线

用做好的交叉网线连接两台 PC。

1.6.2　配置 TCP/IP

本项目需要在 PC 上配置 IP 地址以实现互联。

在通过交叉网线连接 PC 之后,已经完成了物理层的连接,而数据链路层的 MAC 地址则由网络接口卡提供,接下来只需要在 PC 上配置 IP 地址即可以实现 PC 之间的通信了。

以 Windows 10 系统为例,在系统中单击执行“开始”→“设置”→“网络和 Internet”→“以太网”命令,在弹出的窗口中右击“更改适配器选项”,找到正确的连接并右击,选择“属性”,弹出“以太网属性”窗口,双击打开“Internet 协议版本 4(TCP/IPv4)属性”对话框,按照如图 1-14所示配置 IP 地址和子网掩码。

在 PC 上配置 IP 地址时要注意 IP 地址的格式为“点分十进制”,分为地址和掩码两部分;地址又分为网络部分和主机部分(通过地址和掩码相与可以算出地址的网络部分和主机部分)。例如,IP 地址 192.168.1.1,掩码 255.255.255.0,192.168.1 为网络部分,最后的.1 为主机部分。在同一个小型局域网中,所有的主机应该配置相同网络位的 IP 地址,如网络部分都为 192.168.1,而主机部分可以从.1 到.254。如果只在同一个局域网中进行通信,则不需要配置默认网关。

按照上面提示在通过交叉网线相连的主机上配置 IP 地址(注意 IP 地址必须在同一网段且不能重复)。

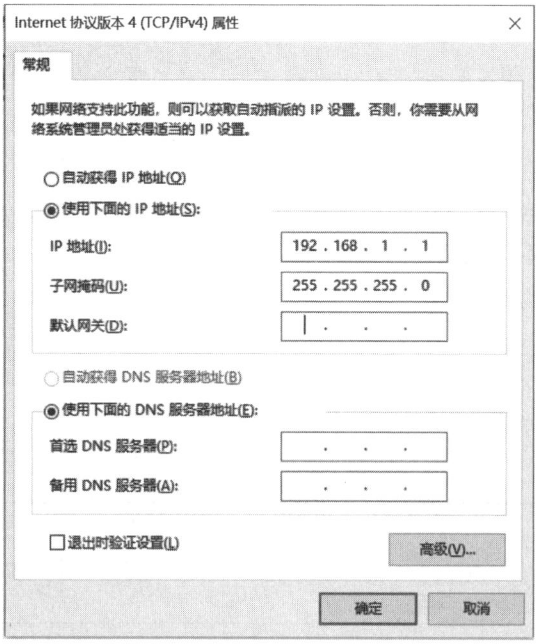

图 1-14　PC 上的 TCP/IP 配置

1.6.3　检测两台 PC 的连通性

通常可以使用 ping 命令来检测 TCP/IP 的连通性和可达性。ping 这个词来源于声呐(sonar)的操作,众所周知声呐利用声波的反射探测和定位水下物体的位置和距离。而 ping命令也基于类似的方法来检测网络的连通性。通过 ping 命令,主机发送多个 IP 包去往目的地,根据收到的回应消息就可以确认目的地是否可达。ping 命令可以用来检测网络接口卡的输入输出功能,主机的 TCP/IP 配置,以及远端网络是否可达。

在主机上通过 ping 命令检测主机之间的连通性。以 Windows 10 系统为例,在一台主机的系统中执行"开始"→"运行…"命令,在弹出的窗口中输入 cmd 并回车,就会弹出如图 1-15所示的命令行窗口。在命令行窗口中输入 ping x. x. x. x(其中 x. x. x. x 是另一台主机的 IP 地址),得到类似如图 1-15 所示的输出,就说明两台主机可以正常通信了。

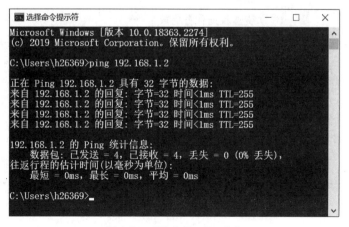

图 1-15　PC 上的 ping 命令

1.7　项目常见问题

在本项目实施中,容易产生以下常见问题。

(1) 在 1.6.1 小节中,做线线序错误,或接触不良。

(2) 在 1.6.2 小节中,IP 地址或掩码配置错误。

以上问题都可能导致两台 PC 无法连通。如果遇到,则解决办法如下。

(1) 熟记线序和要领,反复练习。

(2) 准确配置 IP 地址等参数。

1.8　项目评价

项目评价如表 1-2 所示。

表 1-2　项目评价表

班级 _____

小组 _____

姓名 _____

指导教师 _____

日　　期 _____

评价项目	评价标准	评价依据	评价方式			权重	得分
			学生自评	小组互评	教师评价		
职业素养	(1) 遵守企业规章制度和劳动纪律 (2) 按时按质完成工作 (3) 积极主动承担工作任务,勤学好问 (4) 人身安全与设备安全 (5) 工作岗位 6S 完成情况	(1) 出勤 (2) 工作态度 (3) 劳动纪律 (4) 团队协作精神				0.3	
专业能力	(1) 了解网线的制作方法 (2) 掌握用网线互联两台 PC 机的方法 (3) 通过配置 TCP/IP 实现两台 PC 的互通	(1) 操作的准确性和规范性 (2) 项目技术总结完成情况 (3) 专业技能任务完成情况				0.5	
创新能力	(1) 在任务完成过程中能提出自己的有一定见解的方案 (2) 在教学或生产管理上提出建议,具有创新性	(1) 方案的可行性及意义 (2) 建议的可行性				0.2	
合计							

1.9　项目总结

本项目主要涉及以下内容。

（1）制作网线，进行主机之间的简单互联。

（2）了解交叉网线和直连网线的区别。

（3）TCP/IP 的基本概念。

项目总结（含技术总结、实施中的问题与对策、建议等）：

1.10　项目拓展

在本项目中，我们使用了交叉网线来连接两台 PC。如果把交叉网线换为直连网线，那么会有什么不同？为什么？

项目2

利用以太网交换机组建局域网

通过本项目的实施,应具备以下能力。
- 了解 TCP/IP 中数据链路层的基本概念;
- 了解以太网交换机简单工作原理;
- 掌握以太网交换机的几种常见配置方法;
- 掌握以太网交换机上的常用配置命令。

2.1 项目简介

当网络规模增加到两台 PC 以上时,使用双绞线直连的方法就不能满足互联的需求,这时可以用一台二层以太网交换机实现互联。

注意

本项目中涉及的所有配置命令的格式,语法以及参数等详细信息请参见手册。

2.2 项目任务和要求

1. 项目任务

(1) 了解 TCP/IP 中数据链路层的基本概念。

(2) 了解以太网交换机简单工作原理。

(3) 掌握以太网交换机的几种常见配置方法。

(4) 掌握以太网交换机上的常用配置命令。

2. 项目完成时间

2 小时。

3. 项目质量要求

(1) 网线线序正确,整齐美观。

(2) PC 之间通信正常。

4. 安全与文明(6S)

项目实施时应注意安全与文明(6S)规范,包括但不限于以下规范。

(1) 设备、模块、线缆应按类分别摆放整齐。

(2) 所使用的耗材、线头等不要随意丢弃。

(3) 接触设备、模块等电子设备时要穿戴防静电服或防静电手腕带。

(4) 非项目要求,不随意关机断电重启。

(5) 工作成果(配置文件)注意随时保存。

(6) 如果设备上有模块,则不在开机状态下进行拔插操作。

（7）保持现场干净整洁，及时清理。

2.3　项目设备及器材

本项目所需的设备及器材如表 2-1 所示。

表 2-1　设备及器材

名称和型号	版　　本	数量	描　　述
S5820V2-54QS-GE	Version 7.1	1	—
PC	Windows 10	2	—
第 5 类 UTP 以太网连接线	—	2	直连网线即可

2.4　项目背景

在导师的支持下，张刚和赵强准备着手开发一个大型的软件，为此他们召集几个有丰富软件开发经验的朋友成立了一个小的工作组。他们都把各自的 PC 搬到了张刚和赵强的公寓一起工作，现在的任务是，如何把多台计算机一起互联起来工作。

2.5　项目分析

在多台计算机互联的小型局域网中，常使用交换机（switch）进行连接。交换机提供网络设备（包括主机）之间的直接连接或多重连接，具有功能简单、价格低廉等特点，在办公室中随处可见的网络设备通常都是交换机，如图 2-1 所示。

以太网交换机（以下简称交换机）是工作在数据链路层的设备，如图 2-2 所示。它通过判断数据帧的目的 MAC 地址，从而将帧从合适的端口发送出去。交换机的冲突域仅局限于交换机的一个端口上。比如，一个站点向网络发送数据，交换机将通过对帧的识别，只将帧单点转发到目的地址对应的端口，而不是向所有端口转发，从而有效地提高了网络的可利用带宽。那么以太网交换机是如何实现数据帧的单点转发的呢？下面我们会通过一系列的实验来说明这一问题。

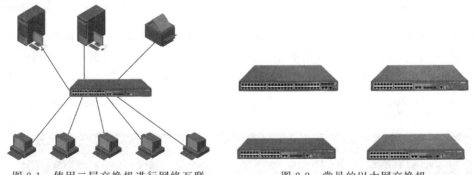

图 2-1　使用二层交换机进行网络互联　　　图 2-2　常见的以太网交换机

数据链路层

数据链路层是 TCP/IP 模型的第二层（参见项目 1），当需要在一条链路上传送数据时，除了必须具有一条物理线路外，还必须有一些规程（procedure）来控制这些数据的传输。数据链路层就定义了这些规程的硬件和软件,从而保证数据在物理线路上的可靠传输。在物理层,数据以"比特流"的形式进行传输;在数据链路层,数据的形式则为帧(frame)。

交换机的每个端口是一个单独的冲突域,端口之间的通信互相不受干扰,没有冲突。当交换机的两个1000Mbps端口之间进行通信时,它们是独占1000Mbps的带宽。而且在默认情况下,两台主机之间的点对点通信也不会发送到其他无关的端口上。

2.6 项目实施

通过以上分析,他们决定在网络中使用交换机来组建局域网。具体实施过程包含:利用交换机互联PC;对二层以太网交换机进行基本配置;进一步操作和验证,深入理解二层以太网交换机的工作原理。

2.6.1 利用交换机互联PC

根据项目1中的方法,制作几根直连网线。线序可参考图2-3。

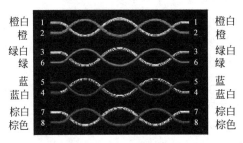

图2-3 直连网线

利用制作好的直连网线,根据表2-2把PC连接到交换机上。

表2-2 设备连接表

源设备名称	设备接口	连接到交换机接口	IP地址/子网掩码
PC1	网口	GE1/0/10	192.168.0.10/255.255.255.0
PC2	网口	GE1/0/20	192.168.0.20/255.255.255.0

连接时应根据交换机面板上的标识找到相应的端口。如图2-4所示,面板上的10/100/1000Base-TX自适应以太网端口(图中序号①处)标有相应的序号,根据序号找到第10号端口,这就是接口GE1/0/10,第20号端口就是接口GE1/0/20。

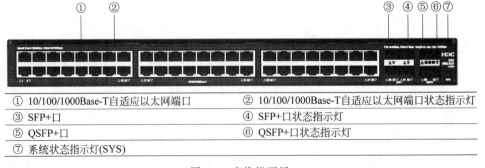

图2-4 交换机面板

连接后的拓扑图如图 2-5 所示。

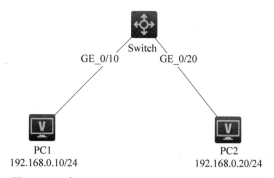

图 2-5　两台 PC 通过二层以太网交换机互相通信

2.6.2　对二层以太网交换机进行基本配置

一台使用默认配置的以太网交换机只能实现基本的互联功能,如果需要使用以太网交换机的一些高级功能,就必须对以太网交换机进行配置。以太网交换机的配置方式很多,如本地 Console 口配置,Telnet 远程登录配置,FTP、TFTP 配置,哑终端方式配置和远程 Web 配置等。其中最为常用的配置方式就是 Console 口配置和 Telnet 远程配置。本节将以两种常用的配置方式为例进行详细介绍。其他配置方式请参考 H3C 以太网交换机操作手册。

下面以 H3C 的以太网交换机 S5820V2-54QS-GE 为例介绍以太网交换机的基本配置方法。

1. 连接以太网交换机的 Console 口

Console 口配置是交换机最基本、最直接的配置方式。当交换机第一次被配置时,Console 口配置成为配置的唯一手段。因为其他配置方式都必须预先在交换机上进行一些初始化配置。

Console 口配置连接较为简单,只需要用专用配置电缆将配置用主机通信串口和交换机的 Console 口连接起来即可,其配置连接如图 2-6 所示。

图 2-6　以太网交换机基本配置

Console 配置线缆如图 2-7 所示,线缆一端为普通网线头,用来连接交换机设备的 Console 口,另一端为 DB9 串行接口(9 针孔),用来连接 PC 终端等。但目前很多便携式计算机或者台式计算机没有串行接口,通常需要一条 USB 转 DB9 连接线实现计算机 USB 接口到通用串口

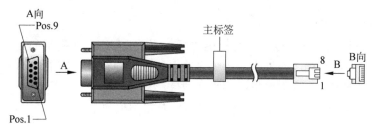

图 2-7　Console 配置线缆

之间的转换。USB 转 DB9 连接线如图 2-8 所示。另外,也可以直接使用 USB 转 RJ-45 网口的 Console 线。

通过 Console 线缆配置交换机时,配置电缆的连接步骤如下。

(1) 将 Console 线与 USB 转 DB9 连接线通过串口连接起来。

(2) 将配置电缆的 USB 口一端接到要对交换机进行配置的 PC 或终端的 USB 口上。

(3) 将配置电缆的 RJ-45 一端连到交换机的配置口(Console)上。

2. 运行主机上的终端软件

由于在很多操作系统上没有终端仿真软件,因此可能需要下载终端仿真软件,安装到所用的主机上。比较常用的终端仿真软件有 MobaXterm、XShell、SecurityCRT、PuTTY 等。

下面以使用 MobaXterm 为例讲解连接方法(使用免费版本即可),具体操作步骤如下。

(1) 在 PC 上安装 MobaXterm,Console 线缆连接好并完成设备上电后,双击 MobaXterm 启动终端仿真软件。单击应用界面上的 New session 按钮新建会话,如图 2-9 所示。

图 2-8　USB 转 DB9 连接线

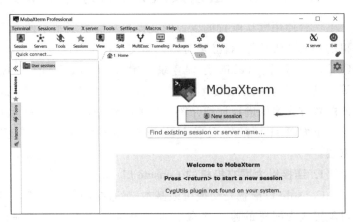

图 2-9　启动 MobaXterm 仿真终端

(2) 单击连接弹窗中的 Serial 按钮,单击 Serial port 下拉框选择连接时使用相应的 COM 口,波特率设置为 9600 后单击下方的 OK 按钮,如图 2-10 所示。

一般情况下,连接的端口是 COM1。如果选择 COM1 无法登录设备,可通过如下方法确定 COM 端口。右击桌面"电脑"图标,在弹出的菜单中选择"属性"选项,在弹出界面中单击"设备管理器"选项打开"设备管理器"窗口,单击"端口"选项,如图 2-11 所示,查看与 USB-SERIAL 对应的 COM 端口。

(3) 此时,MobaXterm 仿真终端会自动显示交换机的整个启动过程。待设备启动成功后,按 Enter 键,将进入交换机的用户视图并出现如下标识符:<H3C>。这代表已经成功完成 MobaXterm 仿真终端的启动,接下来就可以对交换机进行操作了。这就是 Console 口配置方式。

3. 熟悉交换机的用户界面

在通过 Console 线缆连接以太网交换机之后,首先进入的是交换机的用户视图。交换机开机直接进入用户视图,此时交换机在超级终端中的标识符类似:<H3C>(以尖括号包裹系统名)。在该视图下可以查询交换机的一些基础信息。

使用 display version 命令查看设备版本信息,获得类似如下的输出。

图 2-10 MobaXterm 串口属性配置

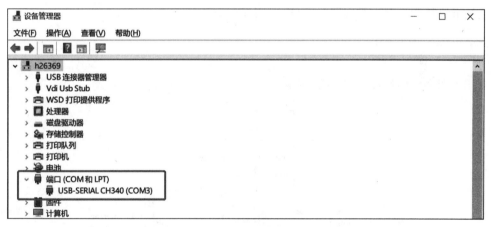

图 2-11 通过设备管理器确认 COM 端口

```
< H3C > display version
H3C Comware Software, Version 7.1.075, Alpha 7571
Copyright (c) 2004 – 2017 New H3C Technologies Co., Ltd. All rights reserved.
H3C S5820V2 – 54QS – GE uptime is 0 weeks, 0 days, 0 hours, 0 minutes
...
```

从上面的信息中可以看到该 S5820V2 以太网交换机的版本号为 Version 7.1.075。

(1) 系统视图：在用户视图下输入 system-view 命令后回车，即进入系统视图。在此视图下交换机的标识符类似：［H3C］(以方括号包裹系统名)。在用户视图下只能进行最简单的查询和测试，而在系统视图下可以进一步查看交换机的配置信息和调试信息，以及进入具体的配置视图进行参数配置，等等。

```
<H3C> system – view
System View: return to User View with Ctrl + Z.
[H3C]
```

（2）以太网端口视图：在系统视图下输入 interface interface-type interface-number 命令即可进入以太网端口视图。在该视图下主要完成端口参数的配置，具体配置命令在后面的项目中介绍。

```
[H3C]interface GigabitEthernet 1/0/10
[H3C – GigabitEthernet1/0/10]
```

（3）VLAN 配置视图：在系统视图下输入 vlan vlan-number 命令即可进入 VLAN 配置视图。在该视图下主要完成 VLAN 的属性配置，具体配置命令在后面的项目中介绍。

```
[H3C]
[H3C]vlan 2
[H3C – vlan2]
```

（4）VTY 用户界面视图：在系统视图下输入 line vty-number 命令即可进入 VTY 用户界面视图。在该视图下可以配置登录用户的验证参数等信息。

```
[H3C]line vty 0
[H3C – line – vty0]
```

当从下级视图返回上级视图时，可以使用 quit 命令。

```
[H3C – line – vty0]quit
[H3C]
```

常用视图之间的切换如图 2-12 所示。

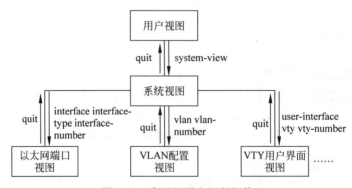

图 2-12　常用视图之间的切换

4. 获取交换机帮助

如果交换机提示没有输入的命令，参数不全或者输入的为错误命令，那么我们是不是都要将这些命令准确无误地全部记住呢？H3C 交换机提供上千条的配置命令，无论是对于普通维护工程师还是系统专家，要记住所有的配置命令都是不现实的。所以，H3C 交换机不仅采用了业界统一的命令行界面方式对交换机进行配置操作，同时还提供了详尽的帮助信息和方便快捷的帮助功能。在使用命令行进行配置的时候，可以借助于这些帮助功能快速完成命令查找和配置。

（1）完全帮助：在任何视图下，输入＜?＞可获取该视图下所有的命令及其简单描述，如图 2-13 所示。

```
<Sysname>?
User view commands:
  backup          Backup next startup-configuration file to TFTP server
  boot-loader     Set boot loader
  bootrom         Update/read/backup/restore bootrom
  cd              Change current directory
  clock           Specify the system clock
  copy            Copy from one file to another
  debugging       Enable system debugging functions
  delete          Delete a file
  a
  dir             List files on a file system
  display         Show running system information
  fixdisk         Recover lost chains in storage device
  format          Format the device
  free            Clear user terminal interface
  ftp             Open FTP connection
  graceful-restart Restart LDP protocol
  language-mode   Specify the language environment
  license         Software license information
---- More ----
```

图 2-13　完全帮助

（2）部分帮助：输入一命令，后接以空格分隔的＜?＞，如果该位置为关键字，则列出全部关键字及其简单描述；如果该位置为参数，则列出有关的参数描述，如图 2-14 所示。

```
[Sysname] interface vlan ?
  <1-4094>  VLAN interface number
[Sysname] interface vlan 1 ?
  <cr>
```

图 2-14　部分帮助

在部分帮助里面还有其他形式的帮助，如键入字符串，其后紧接＜?＞，交换机将列出以该字符串开头的所有命令；或者键入命令，后接字符串然后紧接＜?＞，列出命令以该字符串开头的所有关键字；在字符串后面使用＜tab＞，则可以将不全的正确命令补全。

（3）历史命令：H3C 系列交换机还提供一个记录历史命令的功能，当用户需要重复刚才使用过的配置命令时，可以使用 Ctrl＋P（向上翻动）和 Ctrl＋N（向下翻动）组合键来查找交换机自动记录的最近 10 条历史配置命令（通过修改相关参数，可以记录更多的历史命令）。在某些操作系统中还可以用"↑"和"↓"键来查找历史命令。

5. 通过 Telnet 配置交换机

在网络设备正常运行过程中，常常需要对交换机进行一些信息查询或者配置信息的修改。为了方便，H3C 以太网交换机提供了丰富的配置方式，其中 Telnet 就是为了适应远程维护而提供的一种方便快捷的配置方式。但这种配置方式需要结合 Console 配置方式事先完成一些初始化配置。线缆连接方面除了 Console 口配置线缆的连接外，还需要保证主机和交换机具有网络互通性，如图 2-15 所示。

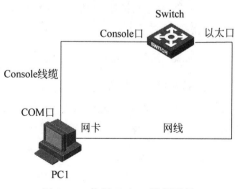

图 2-15　使用 Telnet 进行配置

Telnet 远程配置的初始化即配置准备,主要包含以下几方面的工作。

(1) 通过 Console 口配置 Telnet 用户。

进入系统视图,在 HCL 模拟器中可以直接双击启动的设备,启动命令行终端,即可直接进行配置。

```
< H3C > system - view
System View: return to User View with Ctrl + Z.
[Sysname]
```

把交换机的系统名改为自己定义的名称,例如 YourName。

```
[H3C] sysname YourName
[YourName]
```

可以发现提示符中的名称立即发生变化。

创建一个用户,用户名为 test。

```
[YourName]local - user test
New local user added.
```

为该用户创建登入时的认证密码,密码为 test。这里可用 password 命令指定密码显示方式。密码有两种显示方式,simple 关键字指定以明文方式显示密码,hash 则指定以哈希密码方式显示密码。

```
[YourName - luser - manage - test] password simple test
```

设置该用户使用 telnet 服务类型,该用户的优先级 level 为 0(0 为访问级、1 为监控级、2 为系统级、3 为管理级,最高为 15 级,数值越小,用户的优先级越低)。

```
[YourName - luser - test] service - type telnet
[YourName - luser - test] authorization - attribute user - role level - 0
[YourName - luser - manage - test] service - type telnet
[YourName - luser - manage - test] authorization - attribute user - role level - 0
[YourName - luser - manage - test] quit
[YourName - luser - test]quit
[YourName]
```

(2) 配置 super 口令。

super 命令用来将用户从当前级别切换到指定级别。设置将用户切换到 level 15 的密码为 test,密码明文显示。

```
[YourName] super password role level - 15 simple test
```

(3) 配置登录欢迎信息。

设置登录验证时的欢迎信息为 Welcome to H3C world!。"%"为 text 的结束字符,在显示文本后输入"%"表示文本结束,退出 header 命令。

```
[YourName]header login
Please input banner content, and quit with the character '%'.
Welcome to H3C world! %
[YourName]
```

（4）配置对 Telnet 用户使用默认的本地认证。

进入 VTY 0～63 用户界面，系统支持 64 个 VTY 用户同时访问。VTY 口属于逻辑终端线，用于对设备进行 Telnet 或 SSH 访问。

```
[YourName]line vty 0 63
```

交换机可以采用本地或第三方服务器来对用户进行认证，这里使用本地认证授权方式（认证模式为 scheme）。

```
[YourName-line-vty0-63]authentication-mode scheme
```

（5）进入接口视图，配置以太口和 PC 网卡地址。

使用 interface 命令进入 vlan 接口视图，使用命令 ip address 配置路由器以太口地址。

```
[YourName]interface vlan 1
[YourName-Vlan-interface1]ip address 192.168.0.1 24
```

同时为 PC 设置一个与交换机 vlan 接口相同网段的 IP 地址 192.168.0.10/24。

（6）打开 Telnet 服务。

```
[YourName]telnet server enable
% Telnet server has been started
```

（7）使用 Telnet 登录。

使用网线连接 PC 和交换机的以太口 GE1/0/10（也可以直接在 HCL 模拟器中用 1 台交换机和 1 台 PC 搭建模拟环境，HCL 的操作方法详见附录 A），在 PC 命令行窗口中，输入 Telnet 交换机的 vlan1 接口 IP 地址，并按回车键，如图 2-16 所示。

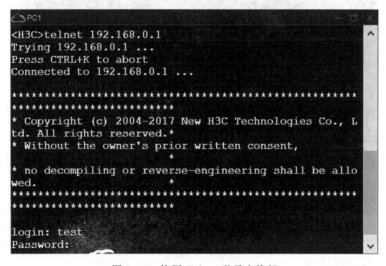

图 2-16　使用 Telnet 登录交换机

输入 Telnet 用户名 test 及密码 test，进入配置界面，使用＜?＞查看此时该用户权限（level0）可使用的命令。由于此时登录用户处于访问级别，所以只能看到并使用有限的几个命令，如图 2-17 所示。

同时，交换机的命令行视图上会有如下信息显示，表明源 IP 为 192.168.0.10 的设备远程

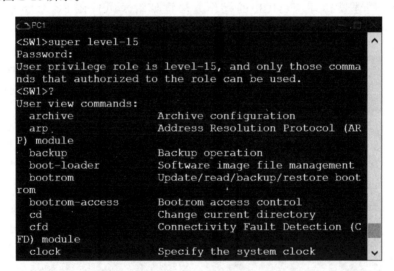

图 2-17 查看该用户权限可使用的命令

登录到交换机上。

> % May 22 23:21:36:745 2022 SW1 SHELL/5/SHELL_LOGIN: test logged in from 192.168.0.10.

（8）更改登录用户级别。

使用 super 命令切换用户级别，输入 super 命令，进入 level15，与 level0 能够使用的命令进行对比，如图 2-18 所示。

图 2-18 输入 super 命令

（9）保存配置，重新启动。

先使用 save 命令保存当前配置到设备存储介质中，再使用 reboot 命令重新启动系统，如图 2-19 所示。

6. 以太网交换机的其他常用系统命令

（1）显示交换机当前运行的配置。

在任何视图下，使用 display current-configuration 命令可以查看交换机当前运行的配置

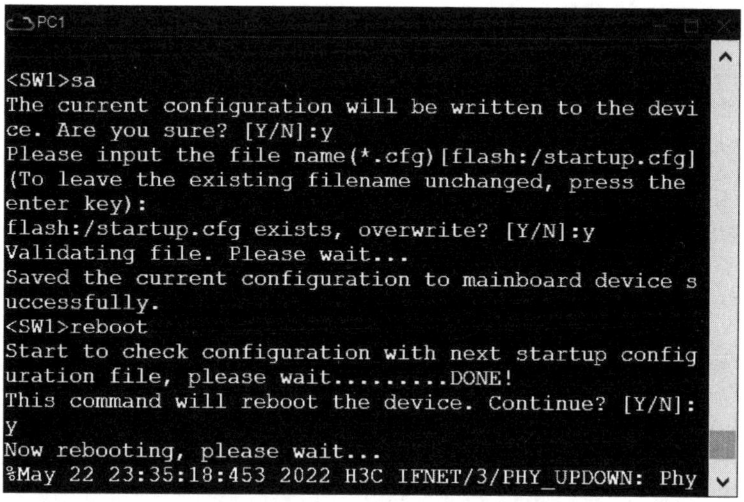

图 2-19　输入 reboot 命令重新启动系统

情况。

```
< H3C > display current - configuration
#
 version 7.1.075, Alpha 7571
#
 sysname H3C
#
 irf mac - address persistent timer
 irf auto - update enable
 undo irf link - delay
 irf member 1 priority 1
#
 lldp global enable
#
 system - working - mode standard
 xbar load - single
 password - recovery enable
 lpu - type f - series
#
vlan 1
#
 stp global enable
#
interface NULL0
#
---- More ----
```

使用空格键可以继续翻页显示,按 Enter 键进行翻行显示,或使用 Ctrl＋C 组合键结束显示,这里使用空格键继续显示配置。

```
#
interface FortyGigE1/0/53
```

```
  port link - mode bridge
 #
interface FortyGigE1/0/54
  port link - mode bridge
 #
interface GigabitEthernet1/0/1
  port link - mode bridge
  combo enable fiber
 #
interface GigabitEthernet1/0/2
  port link - mode bridge
  combo enable fiber
 #
interface GigabitEthernet1/0/3
  port link - mode bridge
  combo enable fiber
 #
interface GigabitEthernet1/0/4
  port link - mode bridge
  combo enable fiber
 #
interface GigabitEthernet1/0/5
  port link - mode bridge
  combo enable fiber
 #
interface GigabitEthernet1/0/6
  port link - mode bridge
  combo enable fiber
 #
interface GigabitEthernet1/0/7
  port link - mode bridge
  combo enable fiber
 #
interface GigabitEthernet1/0/8
  port link - mode bridge
  combo enable fiber
 #
interface GigabitEthernet1/0/9
  port link - mode bridge
  combo enable fiber
 #
interface GigabitEthernet1/0/10
  port link - mode bridge
  combo enable fiber
 #
 ---- More ----
```

（2）保存交换机的当前配置。

在交换机的用户视图下,可以使用 save 命令将交换机的当前配置保存到交换机的 FLASH 存储器中。

```
< YourName > save
```

```
The current configuration will be written to the device. Are you sure? [Y/N]:
```

选择 Y,确定将当前运行配置写进设备存储介质中。

```
Please input the file name( * .cfg)[cf:/ startup.cfg]
(To leave the existing filename unchanged, press the enter key):
```

系统提示输入保存配置文件的文件名,注意文件名的格式为 * . cfg。该实验中,系统默认将配置文件保存在 CF 卡中,保存后文件名为 startup. cfg,如果不更改系统默认保存的文件名,则按 Enter 键。

```
Validating file. Please wait...
Now saving current configuration to the device.
Saving configuration cf:/startup.cfg. Please wait...
.
Configuration is saved to cf successfully...
```

(3) 重新启动交换机。

在用户视图下,使用 reboot 命令可以重新启动交换机。

```
< YourName > reboot
   Start to check configuration with next startup configuration file, please wait...Checking is
finished!
   This will reboot device. continue? [Y/N]:y
Now rebooting, please wait...
< YourName >
```

注意

重启交换机会导致所有未保存的配置信息丢失。

2.6.3　进一步操作验证,深入理解二层以太网交换机的工作原理

在介绍二层以太网交换机的工作原理之前,我们应该先理解 MAC 地址和 IP 地址以及 ARP 过程的相关知识。MAC 地址是以太网接口的物理地址,在二层的以太网中(或者二层以太网交换机上),数据主要是通过 MAC 地址到达目的地。也就是说,在同一以太网中,两台 PC 必须知道对方的 MAC 地址才能完成互相通信。

在网络中,任何一台设备(计算机、路由器、交换机等)都有自己唯一的 MAC 地址,以在网络中唯一标识自己,网络中没有两台设备拥有相同的物理地址。大多数 MAC 层地址是由设备制造商建在硬件内部或网卡内的。在一个以太网上,每个设备都有一个内嵌的以太网地址。该地址是一个 6 字节的二进制串,通常写成十六进制数,以冒号分隔,如 00:E0:FC:20:0A:8C。MAC 地址由 IEEE 负责分配,分为两个部分:地址的前 3 字节代表厂商代码,例如 MAC 地址前 3 字节为 0x00E0FC 的设备是 H3C 产品;后 3 字节由厂商自行分配,如图 2-20 所示。必须保证世界上的每个以太网设备都具有唯一的内嵌地址。对于用户而言,这些细节是透明的。例如我们购买的计算机网络接口卡,它已经具有唯一的 MAC 地址,无须再对它进行设置,将网络接口卡插入主机板立即就可以投入使用。

在 TCP/IP 体系中,通过 IP 地址来识别主机,如果下层网络是以太网,则最后还是需要用 MAC 地址来进行识别。

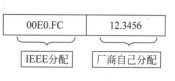

图 2-20　MAC 地址

如果已经知道一台主机的 IP 地址,怎么样才能知道它的 MAC 地址以完成以太网中的通信呢？这个过程被称为 ARP,如图 2-21 所示。

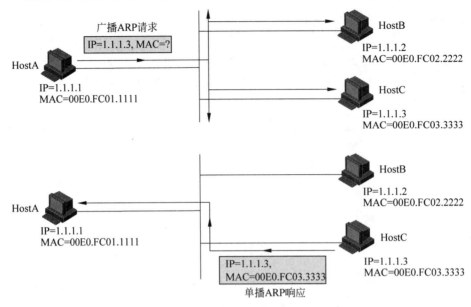

图 2-21　ARP 过程

　　IP 地址为 1.1.1.1 的源主机 A 首先广播一个 ARP 请求报文,请求 IP 地址为 1.1.1.2 的主机 B 回答其物理地址,该报文的目的 MAC 地址为全"1",源 MAC 地址为主机 A 的地址。网上所有主机都将收到该 ARP 请求,但只有 B 识别出自己的 IP 地址,并回答自己的物理地址,响应报文的目的 MAC 地址是主机 A 的 MAC 地址,源 MAC 地址是主机 B 的 MAC 地址。这样,IP 地址就被转换成了物理地址。A 收到这个 ARP 回答包后,就可以与 B 利用 MAC 地址进行通信了。

　　在了解 MAC 地址和 ARP 的概念之后,再来看看两台 PC 是如何通过二层以太网交换机进行通信的。

　　如图 2-22 所示,为了方便后续测试,在 HCL 中可以用 Host 连接本地终端 PC1,本地终端 PC1 和 PC2 分别连到以太网交换机的 GE_0/10 口和 GE_0/20 口上。如果本地终端 PC1 需要和 PC2 进行通信,则它首先需要 PC2 的 MAC 地址。

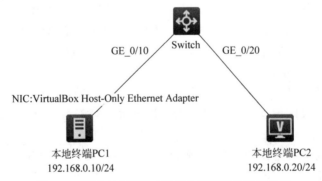

图 2-22　两台 PC 通过二层以太网交换机互相通信

其中本地终端 PC1 的 IP 地址需要到本地计算机的"网络和 Internet"→"网络连接"→VirtualBox Host-Only Network 选项中进行设置,如图 2-23 所示。

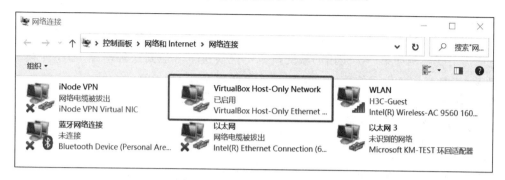

图 2-23 设置虚拟网卡 IP 地址

思考

结合上面介绍过的 ARP 过程,请描述在图 2-22 中本地终端如何通过 ARP 获取 PC2 的 MAC 地址。

首先可以打开本地终端 PC1 的 Windows 命令处理器(按 Windows+R 组合键,在运行对话框中输入 cmd 即可运行"命令提示符"窗口),ping 一下 192.168.0.20,触发 ARP 过程,让本地终端 PC1 得到 PC2 的 MAC 地址。接下来本地终端 PC1 就可以以 PC2 的 MAC 地址为目的 MAC 地址向 PC2 发送数据了。

```
C:\Users > ping 192.168.0.20

正在 Ping 192.168.0.20 具有 32 字节的数据:
来自 192.168.0.20 的回复: 字节 = 32 时间 = 3ms TTL = 255
来自 192.168.0.20 的回复: 字节 = 32 时间 = 1ms TTL = 255
来自 192.168.0.20 的回复: 字节 = 32 时间 = 1ms TTL = 255
来自 192.168.0.20 的回复: 字节 = 32 时间 = 1ms TTL = 255

192.168.0.20 的 Ping 统计信息:
    数据包: 已发送 = 4,已接收 = 4,丢失 = 0 (0 % 丢失),
往返行程的估计时间(以毫秒为单位):
    最短 = 1ms,最长 = 3ms,平均 = 1ms
```

在命令提示符窗口输入 arp -a 命令查看查询本机 ARP 缓存中 IP 地址与 MAC 地址的对应关系,根据输出的结果可知,本地终端 PC1 已经获取到了 PC2 的 IP 地址及 MAC 地址。

```
C:\user > arp - a

接口: 192.168.0.10 --- 0xc
    Internet 地址        物理地址                类型
    192.168.0.20        32 - 8a - c9 - 52 - 03 - 06      动态
```

现在的问题是,当数据被送到交换机之后,交换机怎么知道这个数据是被送给谁的,而应该向哪个端口转发出去呢?

可以试一下将一台主机用网线随意连接在交换机的任一端口上,稍等片刻网络就可以通信了。实际上,在这片刻等待时间内,交换机已经为我们自动配置好了通信的条件。交换机实现这一功能的方法是:在交换机中建立一张表(称为 MAC 地址表),MAC 地址表记录网络中所有 MAC 地址与端口的对应信息,某一数据帧需要转发时,交换机根据该数据帧的目的 MAC 地址查找 MAC 地址表,得到该地址对应的端口,也即获知该 MAC 地址的设备是连接在交换机的哪个端口上,然后从该端口转发数据。有人会问,如果交换机中的 MAC 地址表信息不全或为空呢? 例如第一次使用的新交换机? 交换机也考虑到这种情况,如果交换机不能够根据 MAC 地址表确定目的主机连接在交换机的哪个端口,就将这个帧向除了接收该帧以外的所有端口转发。

在以太网交换机上,可以通过如下的命令查看交换机的 MAC 地址转发表。

```
<H3C> display mac-address
MAC Address        VLAN ID    State      Port/Nickname    Aging
0a00-2700-000c     1          Learned    GE1/0/10         Y
328a-c952-0306     1          Learned    GE1/0/20         Y
```

从输出的结果可以看出,交换机上已经知道了本地终端 PC1 和 PC2 的 MAC 地址信息相对应的端口号。根据这些信息,交换机就可以进行从 PC1 到 PC2 的数据转发了。

如果 PC1(MAC 地址为 0a00-2700-000c)要发送一帧给 PC2(MAC 地址为 328a-c952-0306),具体的帧转发过程为:PC1 构造一个包含如下字段的数据帧,并将其从网络接口发送出去。如图 2-24 所示,其中 328a-c952-0306 为目的主机 PC2 的 MAC 地址;0a00-2700-000c 为本机的 MAC 地址;长度指示随后的数据字段中除去最后的填充和校验和以外的有效数据的长度。交换机接收到这个数据帧以后,读出该帧的目的 MAC 地址 328a-c952-0306,并利用 328a-c952-0306 作为查找 MAC 地址表的索引,匹配的端口号是 GE1/0/20(GE 表示千兆以太口,0 表示第 0 个模块,20 表示第 20 个端口,所以 GE1/0/20 表示第 0 个模块的第 20 个端口),然后就将该帧从 GE1/0/20 发出去。

328a-c952-0306	0a00-2700-000c	长度	数据

图 2-24 数据帧中的 MAC 地址

MAC 地址表是交换机管理地址与端口信息的资料中心,那么交换机的 MAC 地址表是怎么产生的呢? 这涉及交换机的另一个功能:地址学习。我们通过下面的例子来说明交换机的地址学习过程。

(1) 假设最初交换机 MAC 地址表为空。在上面实验的基础上要达到这一效果,可以在系统视图下用 undo mac-address 命令来清空已有的 MAC 地址表。

(2) 如果有数据需要转发,如本地终端 PC1 发送数据帧给主机 PC2,此时,在 MAC 地址表中没有记录,交换机将向除 GE1/0/10 以外的其他所有端口转发,在转发帧之前,它首先检查这个帧的源 MAC 地址(0a00-2700-000c),并记录与之对应的端口(GE1/0/10),于是交换机生成(0a00-2700-000c,GE1/0/10)这样一条记录,并加入 MAC 地址表内。在这里,可以试着从本地终端 PC1 上 ping 一下主机 PC2 的 IP 地址。

(3) 第一个报文会向交换机的所有端口转发,当然包括 PC2 所在的 GE1/0/20 端口,这样当 PC2 从 GE1/0/20 端口回应时,和步骤(2)一样,其 MAC 地址和端口信息也会被交换机记录下来。例如本地终端 PC1 再次发送数据帧给主机 PC2 时,由于 MAC 地址表中已经记录了该帧的目的地址的对应端口号,则直接将数据转发到 GE1/0/20 端口,不再向其他端口转发数据帧。

交换机的 MAC 地址表也可以手工静态配置。由于 MAC 地址表中对于同一个 MAC 地址只能有一个记录,所以如果静态配置某个目的地址和端口号的映射关系以后,交换机就不能动态学习这个主机的 MAC 地址了。可以利用这个特性实现一些特殊的要求,如端口和 MAC 地址的绑定。

2.7　项目常见问题

在本项目实施中,容易产生以下常见问题。

(1) 在 2.6.1 小节中,做线线序错误,或接触不良。

(2) 在 2.6.2 小节中,IP 地址或掩码配置错误。

(3) 在 2.6.3 小节中,命令使用不熟练,或 PC 之间无法通信。

以上问题都可能导致两台 PC 无法连通。如果遇到,则解决办法如下。

(1) 熟记线序和要领,反复练习。

(2) 准确配置 IP 地址等参数。

(3) 反复练习相关命令,同时确保交换机和 PC 参数配置正确。

2.8　项目评价

项目评价如表 2-3 所示。

表 2-3　项目评价表

班级_____	指导教师_____
小组_____	日　　期_____
姓名_____	

评价项目	评价标准	评价依据	评价方式			权重	得分
			学生自评	小组互评	教师评价		
职业素养	(1) 遵守企业规章制度和劳动纪律 (2) 按时按质完成工作 (3) 积极主动承担工作任务,勤学好问 (4) 人身安全与设备安全 (5) 工作岗位 6S 完成情况	(1) 出勤 (2) 工作态度 (3) 劳动纪律 (4) 团队协作精神				0.3	
专业能力	(1) 掌握交换机的基本操作配置 (2) 理解二层交换机的基本工作原理 (3) 掌握用以太网交换机连接多台计算机形成局域网的方法	(1) 操作的准确性和规范性 (2) 项目技术总结完成情况 (3) 专业技能任务完成情况				0.5	

续表

评价项目	评价标准	评价依据	评价方式			权重	得分
			学生自评	小组互评	教师评价		
创新能力	(1) 在任务完成过程中能提出自己的有一定见解的方案 (2) 在教学或生产管理上提出建议,具有创新性	(1) 方案的可行性及意义 (2) 建议的可行性				0.2	
合计							

2.9　项目总结

本项目主要涉及以下内容。

(1) 使用二层以太网交换机互联 PC 的连接方法。

(2) 二层以太网交换机和 TCP/IP 的数据链路层。

(3) 以太网交换机的基本配置方法。

(4) 以太网交换机的简单工作原理。

项目总结(含技术总结、实施中的问题与对策、建议等):

2.10　项目拓展

在本项目中,我们使用了直连网线来连接 PC 和交换机。如果把直连网线换为交叉网线,会有什么不同? 为什么?

两台 PC 连通成功之后,可以尝试连接 3~4 台 PC,看看在配置方面有何区别?

VLAN及交换机级联

通过本项目的实施,应具备以下能力。
- 掌握以太网交换机之间的常见级联方法
- 了解 VLAN 的相关概念
- 掌握 VLAN 间通信的基本配置

3.1 项目简介

随着企业人数的继续增加(20 人以上),以及办公区域的增加,需要多台交换机级联以构建更大的局域网,同时需要根据企业的不同部门划分 VLAN 来隔离广播域。

注意

本项目涉及的所有配置命令的格式,语法以及参数等详细信息请参见手册。

3.2 项目任务和要求

1. 项目任务

(1) 掌握以太网交换机之间的常见级联方法。

(2) 了解 VLAN 的相关概念。

(3) 掌握 VLAN 间路由的基本配置方法。

2. 项目完成时间

2 小时。

3. 项目质量要求

(1) 网络互联互通,各 PC 间通信正常。

(2) 设备配置脚本简洁明了,没有多余配置。

4. 安全与文明(6S)

项目实施时应注意安全与文明(6S)规范,包括但不限于以下规范。

(1) 设备、模块、线缆应按类分别摆放整齐。

(2) 所使用的耗材、线头等不要随意丢弃。

(3) 接触设备、模块等电子设备时要穿戴防静电服或防静电手腕带。

(4) 非项目要求,不随意关机断电重启。

(5) 工作成果(配置文件)注意随时保存。

(6) 如果设备上有模块,则不在开机状态下进行拔插操作。

(7) 保持现场干净整洁,及时清理。

3.3　项目设备及器材

本项目所需的设备及器材如表 3-1 所示。

表 3-1　设备及器材

名称和型号	版　　本	数量	描　　述
S5820V2-54QS-GE	Version 7.1	3	—
PC	Windows 10	4	—
第 5 类 UTP 以太网连接线	—	6	直连网线即可

3.4　项目背景

张刚和赵强的软件在市场上取得了巨大的成功,在风险投资的支持下,他们成立了一家软件公司。公司在成立的时候有 60 名员工,租用了 400 多平方米的办公室。这时原来的一台 48 口的以太网交换机已经不够用了,因此需要再级联另外的二层以太网交换机来满足办公的需要。

3.5　项目分析

局域网增加新的二层以太网交换机之后,需要与既有的交换机连接起来才能形成互通的局域网。这种连接方法称为级联。

二层以太网交换机间级联的最简单的方式就是用网线将两台交换机的 Access 端口连接起来即可。这种级联方式也称为直接通过 Access 端口进行级联,如图 3-1 所示。

Access 端口

Access 端口是交换机用于连接 PC、服务器等终端设备的端口,在默认模式下,交换机的端口是 Access 端口。

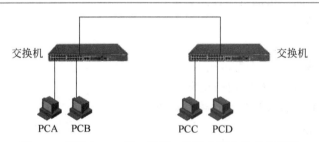

图 3-1　利用 Access 端口进行二层以太网交换机的级联

通过二次交换机扩大局域网规模之后,局域网中的计算机数量大大增加。其中每台计算机都随时可以发送一些广播报文,这些广播报文不受交换机端口的局限,在整个局域网中任意传播,如图 3-2 所示。甚至在某些情况下,单播报文也被转发到整个局域网的所有端口。当这些报文过多的时候,整个网络就会被阻塞,这就是"广播风暴"问题。

要解决广播风暴问题,实现在二层交换局域网中隔离广播的功能,可以使用 VLAN(virtual local area network,虚拟局域网)技术。

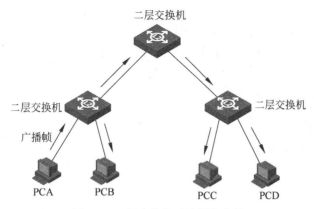

图 3-2　二层交换机无法隔离广播

VLAN 技术可以把一个 LAN(局域网)划分多个逻辑的 LAN,即 VLAN,每个 VLAN 是一个广播域,不同 VLAN 间的设备不能直接互通,只能通过路由器等三层设备而互通。这样,广播数据帧被限制在一个 VLAN 内。

不在同一交换机上的主机可以属于同一个 VLAN。一个 VLAN 包含的用户可以连接在同一个交换机上,也可以跨越交换机。图 3-3 所示的大楼内有两台交换机,连接有两个工作组,工作组 1 和工作组 2。使用 VLAN 技术后,一台交换机相连的 PCA 与另一台交换机相连的 PCC 属于工作组 1,处于同一个广播域内,也可以进行本地通信;PCB 与 PCD 属于工作组 2,处于另一个广播域内,也可以本地通信。这样就实现了跨交换机的广播域扩展,同时把一个广播域切割为若干个广播域。

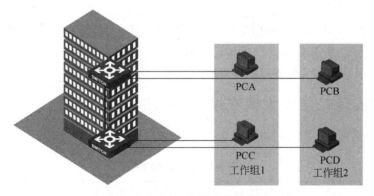

图 3-3　VLAN 构建虚拟工作组

在本项目中,我们将在整个网络中划分两个 VLAN,从事软件开发的工作组属于一个 VLAN,其他的部门人员属于一个 VLAN。这样就能够隔离广播,有效地抑制广播风暴问题。由于大家的 PC 都分散在两台交换机上,所以在两台交换机上都要配置两个相应的 VLAN,而交换机之间的端口也不能再用普通的 Access 端口,而是需要做一些特殊配置,允许多个相应的 VLAN 通过。我们将采用最基本的 VLAN 配置方式,即指定交换机 SWA 的端口 1 属于 VLAN10,端口 2 属于 VLAN20;SWB 的端口 1 属于 VLAN10,端口 2 属于 VLAN20。这样主机 PCA 和主机 PCC 在 VLAN10 下,主机 PCB 和主机 PCD 在 VLAN20 下。

VLAN 技术将同一局域网上的用户在逻辑上分成了多个虚拟局域网(VLAN),只有同一 VLAN 的用户才能相互交换数据。但是,大家都应该清楚我们建设网络的最终目的是要实现

网络的互联互通。所以,虚拟局域网之间的通信成为我们关注的焦点。究竟怎样妥善解决这
个问题呢? 我们需要 VLAN 间路由来解决这个问题。

在本项目中设备连接如图 3-4 所示。其中,SWA 和 SWB 是二层交换机,SWC 是三层交
换机,并启用了 VLAN 间路由。

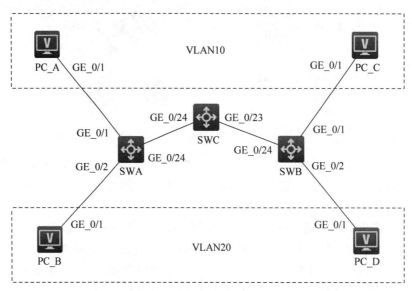

图 3-4　用三层交换机实现 VLAN 间路由

3.6　项目实施

通过以上分析,管理员决定在网络中通过交换机级联、VLAN、三层交换机 VLAN 间通信
等技术来达到目标。具体实施过程包括:实现二层以太网交换机的级联;在交换机上划分
VLAN;配置 Trunk 端口;配置三层以太网交换机实现 VLAN 间路由。

3.6.1　实现二层以太网交换机的级联

根据表 3-2,对图 3-4 所示网络中的交换机进行连接。

表 3-2　设备连接表

源设备名称	设　备　接　口	目标设备名称	设　备　接　口
SWA	GE1/0/24	SWC	GE1/0/24
SWA	GE1/0/1	PCA	—
SWA	GE1/0/2	PCB	—
SWC	GE1/0/23	SWB	GE1/0/24
SWB	GE1/0/1	PCC	—
SWB	GE1/0/2	PCD	—

检查设备的软件版本及配置信息,确保各设备软件版本符合要求,所有配置为初始状态。
如果配置不符合要求,则可在用户模式下擦除设备中的配置文件,然后重启设备以使系统采用
默认的配置参数进行初始化。

以上步骤可能会用到以下命令。

```
<H3C> display version
<H3C> reset saved - configuration
<H3C> reboot
```

提示

确认版本及擦除设备配置文件的目的是使网络设备恢复到原始状态,从而排除其他配置对项目实施的干扰。

在 PC 上配置 IP 地址,如表 3-3 所示。

表 3-3　IP 地址表

设备名称	IP 地址	网关
PCA	10.1.1.1/24	10.1.1.254
PCB	10.1.2.1/24	10.1.2.254
PCC	10.1.1.2/24	10.1.1.254
PCD	10.1.2.2/24	10.1.2.254

配置完成后,在 PCA 上执行命令 ping 10.1.1.2,如下所示。

```
<H3C> ping 10.1.1.2
Ping 10.1.1.2 (10.1.1.2): 56 data bytes, press CTRL_C to break
56 bytes from 10.1.1.2: icmp_seq = 0 ttl = 255 time = 4.000 ms
56 bytes from 10.1.1.2: icmp_seq = 1 ttl = 255 time = 4.000 ms
56 bytes from 10.1.1.2: icmp_seq = 2 ttl = 255 time = 4.000 ms
56 bytes from 10.1.1.2: icmp_seq = 3 ttl = 255 time = 5.000 ms
56 bytes from 10.1.1.2: icmp_seq = 4 ttl = 255 time = 4.000 ms

--- Ping statistics for 10.1.1.2 ---
5 packet(s) transmitted, 5 packet(s) received, 0.0 % packet loss
round - trip min/avg/max/std - dev = 4.000/4.200/5.000/0.400 ms
```

可以看到,PCA 可以 ping 通 PCC。同样,PCB 也可以 ping 通 PCD。说明交换机间的级联成功。

在交换机上使用 display interface 命令查看接口信息。

```
<SWA> display interface GigabitEthernet 1/0/1

GigabitEthernet1/0/1
Current state: UP
Line protocol state: UP
IP packet frame type: Ethernet II, hardware address: 48f2 - 7361 - 0500
Description: GigabitEthernet1/0/1 Interface
Bandwidth: 1000000 kbps
Loopback is not set
1000Mbps - speed mode, full - duplex mode
Link speed type is autonegotiation, link duplex type is autonegotiation
Flow - control is not enabled
```

```
Maximum frame length: 9216
Allow jumbo frames to pass
Broadcast max-ratio: 100%
Multicast max-ratio: 100%
Unicast max-ratio: 100%
PVID: 1
MDI type: Automdix
Port link-type: Access
  Tagged VLANs: None
  Untagged VLANs: 1
Port priority: 2
Last link flapping: 0 hours 4 minutes 57 seconds
Last clearing of counters: Never
Current system time:2022-04-12 23:26:22
Last time when physical state changed to up:2022-04-12 23:21:25
Last time when physical state changed to down:2022-04-12 23:20:06
 Peak input rate: 0 bytes/sec, at 00-00-00 00:00:00
 Peak output rate: 0 bytes/sec, at 00-00-00 00:00:00
 Last 300 second input: 0 packets/sec 0 bytes/sec 0%
 Last 300 second output: 0 packets/sec 0 bytes/sec 0%
 Input (total): 0 packets, 0 bytes
         0 unicasts, 0 broadcasts, 0 multicasts, 0 pauses
 Input (normal): 0 packets, 0 bytes
         0 unicasts, 0 broadcasts, 0 multicasts, 0 pauses
 Input: 0 input errors, 0 runts, 0 giants, 0 throttles
         0 CRC, 0 frame, 0 overruns, 0 aborts
         0 ignored, 0 parity errors
 Output (total): 0 packets, 0 bytes
         0 unicasts, 0 broadcasts, 0 multicasts, 0 pauses
 Output (normal): 0 packets, 0 bytes
         0 unicasts, 0 broadcasts, 0 multicasts, 0 pauses
 Output: 0 output errors, 0 underruns, 0 buffer failures
         0 aborts, 0 deferred, 0 collisions, 0 late collisions
         0 lost carrier, 0 no carrier
```

在以上信息中,重点关注加粗的部分。GigabitEthernet1/0/1 current state:UP 表明当前接口 GigabitEthernet1/0/1 处于 UP(也就是正常工作)状态;Bandwidth:1000000kbps 表明端口带宽为 1000000kbps,也就是 1000Mbps 端口;Port link-type:Access 表明当前接口是 Access 端口。

3.6.2 在交换机上划分 VLAN

在二层以太网交换机 S5820V2 上,主要的 VLAN 划分方法是基于端口的 VLAN 划分方法。

基于端口的 VLAN 划分方法是用以太网交换机的端口来划分 VLAN,也就是说,交换机某些端口连接的主机在一个 VLAN 内,而另一些端口连接的主机在另一个 VLAN 内。VLAN 和端口连接的主机无关。

在二层以太网交换机上,如何配置相应的 VLAN 呢? 默认情况下,交换机存在一个默认的 VLAN,即 VLAN1,且 VLAN1 不能被删除,默认所有的端口都属于 VLAN1。将端口加入 VLAN X 中,有以下两种方法。

（1）创建 VLAN X,进入 VLAN X 的配置视图,指定属于本 VLAN 的端口。

（2）进入指定端口的配置视图,指定本端口属于 VLAN X。

下面以第一种方法,在交换机 SWA 上实施配置。

创建（进入）VLAN10,将 GE1/0/1 加入 VLAN10。

```
[SWA]vlan 10
[SWA-vlan10]port GigabitEthernet 1/0/1
```

创建（进入）VLAN20,将 GE1/0/2 加入 VLAN20。

```
[SWA]vlan 20
[SWA-vlan20]port GigabitEthernet 1/0/2
```

下面以第二种方法,在交换机 SWB 上实施配置。

创建 VLAN10 和 VLAN20。

```
[SWC]vlan 10
[SWC]vlan 20
```

进入以太网端口 GE1/0/1 的配置视图。

```
[SWB]interface GigabitEthernet 1/0/1
```

配置端口 GE1/0/1 的 PVID 为 10。

```
[SWB-GigabitEthernet1/0/1]port access vlan 10
```

进入以太网端口 GE1/0/2 的配置视图。

```
[SWB]interface GigabitEthernet 1/0/2
```

配置端口 GE1/0/2 的 PVID 为 20。

```
[SWB-GigabitEthernet1/0/2]port access vlan 20
```

完成上述配置之后,就完成了 VLAN 之间的隔离。也就是说,二层的广播报文只会被限制在 VLAN 之内。

3.6.3　配置 Trunk 端口

此时,从 PCA 再 ping PCC,会发现无法 ping 通。

原因在项目分析中已经讲过,当交换机划分了 VLAN 后,交换机之间的端口不能再用普通的 Access 端口,而是需要做一些特殊配置,允许多个相应的 VLAN 通过。

这个特殊的配置就是 Trunk 端口。

Trunk 端口

要实现跨两台交换机的 VLAN 互通,交换机之间需要使用 Trunk 端口互联,而不能使用 Access 端口。通常交换机的端口默认为 Access 端口,需要通过配置修改成 Trunk 端口。

在 SWA 上将端口 GE1/0/24 配置为 Trunk 端口,并允许 VLAN10 和 VLAN20 通过。相关配置命令如下:

```
[SWA]interface Ethernet 1/0/24
[SWA-GigabitEthernet1/0/24]port link-type trunk
[SWA-GigabitEthernet1/0/24]port trunk permit vlan 10 20
```

同理,在 SWB 上将端口 GE1/0/24 配置为 Trunk 端口,并允许 VLAN10 和 VLAN20 通过。相关配置命令如下:

```
[SWB]interface Ethernet 1/0/24
[SWB-GigabitEthernet1/0/24]port link-type trunk
[SWB-GigabitEthernet1/0/24]port trunk permit vlan 10 20
```

另外,因为 SWA 到 SWB 的数据需要经过 SWC 转发,所以还需要在 SWC 上创建 VLAN10 和 VLAN20,并将 SWC 的端口 GE1/0/23 和 GE1/0/24 配置为 Trunk 端口,并允许 VLAN10 和 VLAN20 通过。相关配置命令如下:

```
[SWC]vlan 10
[SWC]vlan 20
[SWC]interface GigabitEthernet 1/0/23
[SWC-GigabitEthernet1/0/23]port link-type trunk
[SWC-GigabitEthernet1/0/23]port trunk permit vlan 10 20
[SWC]interface GigabitEthernet 1/0/24
[SWC-GigabitEthernet1/0/24]port link-type trunk
[SWC-GigabitEthernet1/0/24]port trunk permit vlan 10 20
```

接下来在各主机上使用 ping 命令检查主机之间的连通性,在同一 VLAN 的主机之间应该能够互相 ping 通。

级联接口

在网络工程项目中,通常推荐使用扩展槽位上的级联接口模块进行交换机之间的级联。以 S5820 系列以太网交换机为例,可选择其扩展槽位上的 10G SFP+接口。而 SFP 模块的热插拔特性及灵活的选配方法,增加了用户组网的灵活性。用户可根据自己的需要,选择众多类型的 SFP 模块,包括不同距离和功率的多模光纤接口模块、单模光纤接口模块以及电接口模块。

3.6.4　配置三层以太网交换机实现 VLAN 间路由

当在二层以太网交换机上划分了 VLAN 之后,虽然成功地隔离了广播域,但是 VLAN 之间也无法进行互相的通信,不同 VLAN 的主机之间无法 ping 通。原因在于不同的 VLAN 处于不同的网段,它们之间的通信需要经过三层设备的转发,在二层设备上是无能为力的。

因此,需要在三层以太网交换机 SWC 上配置相关的三层路由转发功能,包括配置 VLAN 虚接口和 IP 地址。

创建(进入)VLAN 接口 10。

```
[SWC]interface Vlan-interface 10
```

为 VLAN 接口 10 配置 IP 地址。

```
[SWC－Vlan－interface10]ip address 10.1.1.254 255.255.255.0
```

创建(进入)VLAN 接口 20。

```
[SWC]interface Vlan－interface 20
```

为 VLAN 接口 20 配置 IP 地址。

```
[SWC－Vlan－interface20]ip address 10.1.2.254 255.255.255.0
```

配置完成后,用 ping 命令检测各台 PC 之间的互通性。此时,应能完全互通。

3.7 项目常见问题

在本项目实施中,容易产生以下常见问题。

(1) 在 3.6.1 小节中,PC 间无法互通。

(2) 在 3.6.3 小节中,PC 间无法互通。

(3) 在 3.6.4 小节中,PC 间无法互通。

如果遇到上述问题,则解决办法如下。

(1) 此时,所有 PC 都在一个 VLAN 中,所以重点检查 PC 上是否开启防火墙,以及 PC 的 IP 地址是否配置正确。

(2) 此时,PCA 与 PCC 处于相同 VLAN,可以互通;PCA 与 PCC 处于相同 VLAN,可以互通;而不同 VLAN 的 PC 是不能互通的。如果同一 VLAN 内的 PC 不能互通,则需要检查交换机上的 VLAN 及 Trunk 配置是否正确。

(3) 此时,因为启用了 VLAN 间通信,所有 PC 都可以互通。如果 PC 不能互通,则需要检查 Vlan-interface 的配置是否正确。

3.8 项目评价

项目评价如表 3-4 所示。

表 3-4 项目评价表

班级 _____			指导教师 _____				
小组 _____			日 期 _____				
姓名 _____							

评价项目	评价标准	评价依据	评价方式			权重	得分
			学生自评	小组互评	教师评价		
职业素养	(1) 遵守企业规章制度和劳动纪律 (2) 按时按质完成工作 (3) 积极主动承担工作任务,勤学好问 (4) 人身安全与设备安全 (5) 工作岗位 6S 完成情况	(1) 出勤 (2) 工作态度 (3) 劳动纪律 (4) 团队协作精神				0.3	

续表

评价项目	评价标准	评价依据	评价方式			权重	得分
			学生自评	小组互评	教师评价		
专业能力	(1) 了解 STP 的基本工作原理 (2) 了解 VLAN 的基本原理 (3) 掌握在一台或多台级联交换机上配置 VLAN 和 Trunk 的基本方法 (4) 掌握用三层交换机实现 VLAN 间路由的配置方法	(1) 操作的准确性和规范性 (2) 项目技术总结完成情况 (3) 专业技能任务完成情况				0.5	
创新能力	(1) 在任务完成过程中能提出自己的有一定见解的方案 (2) 在教学或生产管理上提出建议,具有创新性	(1) 方案的可行性及意义 (2) 建议的可行性				0.2	
合计							

3.9 项目总结

本项目主要涉及以下内容。

(1) 扩展端口的需要:使用 Access 接口实现以太网交换机的级联。

(2) VLAN 的基本概念和配置方法。

(3) 利用 Trunk 接口进行交换机的级联。

(4) 使用 VLAN 间路由互联不同 VLAN。

项目总结(含技术总结、实施中的问题与对策、建议等):

3.10 项目拓展

在本项目中只有两个 VLAN,如果网络增加为 4 个 VLAN,那么实施上有什么不同? 请按照图 3-5 所示项目规格进行项目的拓展。

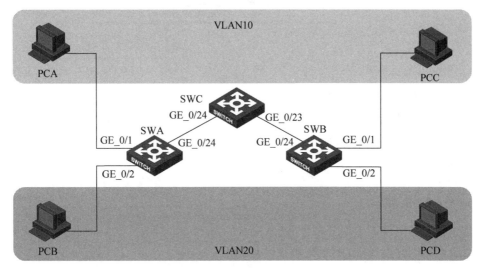

图 3-5 拓展项目拓扑图

拓展项目中涉及的设备及器材如表 3-5 所示。

表 3-5 设备及器材

名称和型号	版 本	数量	描 述
S5820V2-54QS-GE	Version 7.1	3	其他 H3C 三层交换机均可
PC	Windows 10	4	—
第 5 类 UTP 以太网连接线	—	6	直连网线即可

拓展项目要求如下。

(1) 使各 PC 属于不同 VLAN。

(2) 使各 PC 能够互通。

PC 的 IP 地址及网关如表 3-6 所示。

表 3-6 IP 地址表

设 备 名 称	IP 地 址	网 关
PCA	10.1.1.1/24	10.1.1.254
PCB	10.1.2.1/24	10.1.2.254
PCC	10.1.3.1/24	10.1.3.254
PCD	10.1.4.1/24	10.1.4.254

项目4

IP地址规划

通过本项目的实施,应具备以下能力。

- 了解 TCP/IP 中网络层的知识;
- 了解 IP 地址的结构和相关概念;
- 掌握基本的 IP 地址规划方法。

4.1 项目简介

在规模较大的局域网中划分多个 VLAN 之后,接下来的问题就是如何合理地规划 IP 地址。实际上网络的规模越大,IP 的地址规划就越重要。

4.2 项目任务和要求

1. 项目任务

(1) 了解 TCP/IP 中网络层的知识。

(2) 了解 IP 地址的结构和相关概念。

(3) 掌握基本的 IP 地址规划方法。

2. 项目完成时间

2 小时。

3. 项目质量要求

(1) IP 地址规划合理。

(2) 设备配置脚本简洁明了,没有多余配置。

4. 安全与文明(6S)

项目实施时应注意安全与文明(6S)规范,包括但不限于以下规范。

(1) 设备、模块、线缆应按类分别摆放整齐。

(2) 所使用的耗材、线头等不要随意丢弃。

(3) 接触设备、模块等电子设备时要穿戴防静电服或防静电手腕带。

(4) 非项目要求,不随意关机断电重启。

(5) 工作成果(配置文件)注意随时保存。

(6) 如果设备上有模块,则不在开机状态下进行拔插操作。

(7) 保持现场干净整洁,及时清理。

4.3 项目设备及器材

本项目所需的设备及器材如表 4-1 所示。

表 4-1　设备及器材

名称和型号	版　本	数量	描　述
PC	Windows 系统	1	—

4.4　项目背景

公司有生产部门和市场部门需要划分为单独的网络,也就是需要划分为至少两个网络,每个网络必须至少支持 40 台主机,两个网络用路由器相连。公司申请了一个 C 类地址段 200.200.200.0,管理员需要把这个地址段分给两个网络使用。

4.5　项目分析

我们已经知道,划分 VLAN 之后可以解决部门单独使用网络的问题。在划分了两个VLAN 之后,现有的网络必须分为两个 IP 地址段。但是我们只有一个 C 类网段地址。现在的问题是,如何合理规划现有网络中的 IP 地址来实现需求——这就需要使用子网划分技术。

Internet 上基于 TCP/IP 的网络中每台设备既有逻辑地址(即 IP 地址,因目前大部分应用依然以 IPv4 地址为主,后文提到的 IP 地址都默认为 IPv4 地址),也有物理地址(即常说的MAC 地址)。MAC 地址是设备生产厂家建在硬件内部或网卡上的。同样,它也是唯一标识一个节点的。

在计算机内部,IP 地址是用二进制数表达的,共 32bit。

例如:11000000 10101000 00000101 01111011。

每个 IP 地址被分为两部分:网络 ID 和主机 ID,如图 4-1 所示。

网络 ID(又称为网络地址、网络号),用来在 TCP/IP 网络中,标识某个网段。该网段中所有设备的 IP 地址具有相同的网络 ID。

主机 ID(又称为主机地址、主机号),标识网段内的一个 TCP/IP 节点,例如工作站、服务器、路由器接口或其他 TCP/IP 设备。在一个网段内部,主机 ID 必须是唯一的。

然而,使用二进制表示,很不方便我们记忆,通常把 32 位的 IP 地址分成四段,每 8 个二进制位为一段,每段二进制分别转换为我们习惯的十进制数,并用点隔开,称为点分十进制。上例用二进制表达的 IP 地址可以用点分十进制 192.168.5.123 表示,如图 4-2 所示。

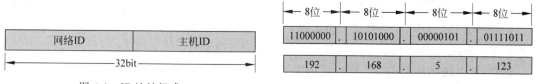

图 4-1　IP 地址组成　　　　　　　　　图 4-2　点分十进制示意图

为了更好地管理和使用 IP 地址资源,IP 地址资源被划分为 5 类(A 类、B 类、C 类、D 类、E 类),每一类中规定了可以容纳多少个网络,以及这样的网络中可以容纳多少台主机。表 4-2 汇总了 5 类 IP 地址第一个 8 位位组所表达的地址范围。在后面的关于 IP 地址的讨论中重点涉及 A 类、B 类和 C 类 IP 地址,因为它们是用于常规 IP 寻址的地址。

IP 地址空间中的某些地址已经为特殊目的而保留,不能用于标识网络设备。这些保留地址的规则如下:IP 地址的主机 ID 不能设成"全部为 0"或"全部为 1"。

表 4-2 　IP 地址类别

地 址 类	地 址 范 围	地 址 类	地 址 范 围
A 类	1～126	D 类	224～239
B 类	128～191	E 类	240～254
C 类	192～223		

当 IP 地址中的主机 ID 中的所有位都设置为"0"时,它表示为一个网络,而不是指示哪个网络上的特定主机。

当 IP 地址中的主机 ID 中的所有位都设置为"1"时,则代表面向某个网络中的所有节点的广播地址。例如,168.123.255.255 或 202.114.26.255。

同时,IP 地址的网络 ID 和主机 ID 不能设成"全部为 0"或"全部为 1"。当 IP 地址中的所有位都设置为"1"时,产生的地址 255.255.255.255,用于向本地网络中的所有主机发送广播消息。通常,路由器并不传递这些类型的广播。当 IP 地址中的所有位都设置为"0"时,产生的地址 0.0.0.0 代表所有的主机,路由器用 0.0.0.0 地址指定默认路由。

IP 地址的网络 ID 不能以数字 127 开头。网络地址 127.x.x.x 已经分配给本地环路地址。这个地址的目的是提供对本地主机的网络配置的测试。

表 4-3 列出了所有特殊用途 IP 地址。

表 4-3 　特殊用途 IP 地址

网络部分	主机部分	地址类型	用 途
任意	二进制全"0"	网络地址	代表一个网段
任意	二进制全"1"	广播地址	特定网段的所有节点
127	任意	回环地址	回环测试
二进制全"0"		所有网络	路由器用于指定默认路由
二进制全"1"		广播地址	本网段所有节点

如上所述,则每一个网段都会有一些 IP 地址不能用作主机的 IP 地址。下面我们通过示例来计算一下某个网段可用的 IP 地址,即可分配给主机使用的 IP 地址。

例如,B 类网段 172.16.0.0,有 16 个主机位,因此有 2^{16} 个 IP 地址,去掉一个网络地址 172.16.0.0,一个广播地址 172.16.255.255 不能用作标识主机,那么共有 $2^{16}-2$ 个可用地址。C 类网段 192.168.1.0,有 8 个主机位,共有 256 个 IP 地址,去掉一个网络地址 192.168.1.0,一个广播地址 192.168.1.255,共有 254 个可用主机地址。

现在,可以这样计算每一个网段可用主机地址:假定这个网段的主机部分位数为 n,那么可用的主机地址个数为 2^n-2 个。

通过这种划分 5 类地址的"自然分类法",每个 32 位的 IP 地址都被划分为由网络号和主机号构成的二级结构。为每个机构分配一个按照自然分类法得到的 Internet 网络地址,能够很好地满足当时的网络结构。

但随着时间的推移,Internet 中出现了很多大型的接入机构,这些机构中需要接入的主机数量众多,单一物理网络容纳主机的数量有限,因此在同一机构内部需要划分多个网络。仅依靠自然分类的 IP 地址分配方案,对 IP 地址进行简单的两层划分,无法应对 Internet 的爆炸式增长。这时就需要使用子网划分技术。

随着子网的出现,我们不再是按照标准地址类(A 类、B 类、C 类等)来决定 IP 地址中的网络 ID。这时,就需要一个新的值来定义 IP 地址中哪部分是网络 ID,哪部分是主机 ID。这时子网掩码应运而生。简单地说,子网掩码的作用就是确定 IP 地址中哪一部分是网络 ID,哪一部分是主机 ID。

在子网划分过程中,主要的考虑就是需要支持多少个子网,每个子网需要多少个地址。一个 IP 地址,总共是 32 位,当选择了子网掩码后,子网的数量和每个子网所具有的最大的主机数量也随之确定下来了。

子网划分的计算涉及十进制和二进制的转换,较为复杂,因此可以使用一些免费的小工具来进行计算。本项目中将使用其中某一款来进行计算。

4.6　项目实施

通过以上分析,管理员决定在网络中使用 IP 子网划分技术来完成地址规划的目标。具体实施过程包括:准备计算工具;输入参数进行计算;选择合适的结果。

4.6.1　准备计算工具

首先从网络上下载子网划分的计算工具。这样的工具有很多,以其中一款 BOSON 的 IPSubnetter v1.2 软件为例。

这款软件的界面很简洁,打开程序后即进入如图 4-3 所示主界面。

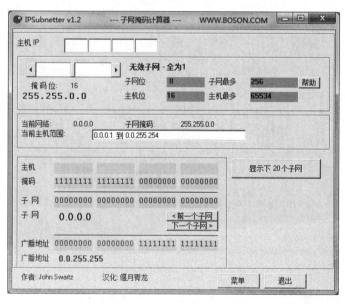

图 4-3　主界面

4.6.2　输入参数进行计算

在主机 IP 框内输入我们申请到的 C 类地址 200.200.200.0,如图 4-4 所示。

可以看到软件显示子网位 0,子网最多为 1,说明此时还没有进行子网划分,不满足划分为

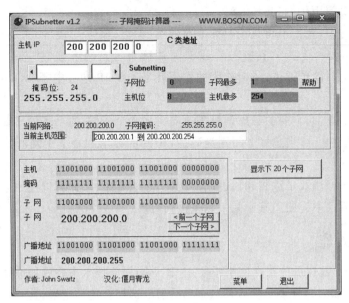

图 4-4　输入主机 IP

两个网络、每个网络至少支持 40 台主机的项目要求。

单击滚动条上的向右箭头一次，可得到如图 4-5 所示的输出。

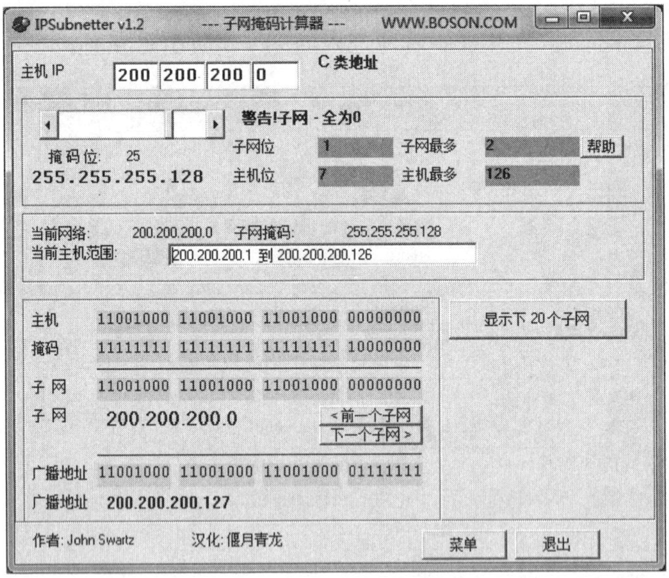

图 4-5　1 位子网划分示意图

此时，子网最多提高为 2，主机最多下降为 126，满足项目要求。

再次单击滚动条上的向右箭头一次，得到如图 4-6 所示的输出。

此时，子网最多提高为 4，主机最多下降为 62，也满足项目要求。

再次单击滚动条上的向右箭头一次，得到如图 4-7 所示的输出。

此时，子网最多提高为 8，主机最多下降为 30，不再满足项目要求。

继续单击滚动条上的向右箭头，会发现其他的子网划分结果都不再满足项目要求。

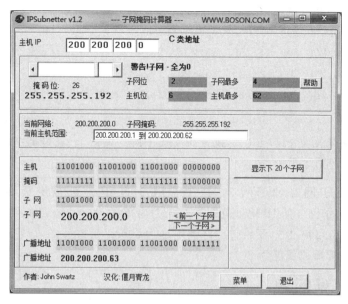

图 4-6　2 位子网划分示意图

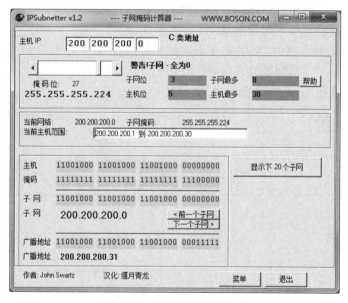

图 4-7　3 位子网划分示意图

4.6.3　选择合适的结果

至此,我们获得了两个可行的结果,应当选择哪一个呢?

看起来两个结果都满足要求,但综合考虑一下发现,第一个结果只划分了两个子网,不利于未来的扩展;而子网中的地址数量大大超过要求的 40 个,可能会比较浪费。第二个结果划分了 4 个子网,未来可以扩展;子网中的地址数量略多于要求的 40 个,也可以进行扩充,因此通常来说是比较好的选择。所以我们选择第二种结果,即 4 个子网,每个子网 62 个地址。

这4个子网按顺序依次如下。

- 子网1：200.200.200.0/255.255.255.192
- 子网2：200.200.200.64/255.255.255.192
- 子网3：200.200.200.128/255.255.255.192
- 子网4：200.200.200.192/255.255.255.192

注意

因为此时的子网位为2，加上C类地址的默认子网掩码位24，此时的子网掩码也可以表示为26位，例如200.200.200.0/26。

我们选择使用子网2和子网3。其中子网2的IP地址范围为200.200.200.65～200.200.200.126；子网3的IP地址范围为200.200.200.129～200.200.200.190。子网1的广播地址为200.200.200.127，子网2的广播地址为200.200.200.255。它们的子网掩码都是255.255.255.192(即掩码长度为26)。

4.7 项目常见问题

在本项目实施中，容易产生以下常见问题。

(1) 十进制与二进制换算错误，或计算缓慢。

(2) 忘记考虑广播地址和网段地址。

以上问题都可能导致两台PC无法连通。如果遇到，则解决办法如下。

(1) 熟悉十进制与二进制换算方法，反复练习。

(2) 在子网内主机ID不能为全"0"或全"1"。

4.8 项目评价

项目评价如表4-4所示。

表4-4 项目评价表

班级_____	指导教师_____
小组_____	日　期_____
姓名_____	

评价项目	评价标准	评价依据	评价方式			权重	得分
			学生自评	小组互评	教师评价		
职业素养	(1) 遵守企业规章制度和劳动纪律 (2) 按时按质完成工作 (3) 积极主动承担工作任务，勤学好问 (4) 人身安全与设备安全 (5) 工作岗位6S完成情况	(1) 出勤 (2) 工作态度 (3) 劳动纪律 (4) 团队协作精神				0.3	

评价项目	评 价 标 准	评 价 依 据	评 价 方 式			权重	得分
			学生自评	小组互评	教师评价		
专业能力	(1) 了解网络层协议基本原理 (2) 理解 IP 地址规划的原理和方法 (3) 能够为简单的网络进行地址规划和子网划分	(1) 操作的准确性和规范性 (2) 项目技术总结完成情况 (3) 专业技能任务完成情况				0.5	
创新能力	(1) 在任务完成过程中能提出自己的有一定见解的方案 (2) 在教学或生产管理上提出建议,具有创新性	(1) 方案的可行性及意义 (2) 建议的可行性				0.2	
合计							

4.9　项目总结

本项目主要涉及以下内容。

(1) 网络层的基本概念与常用协议。

(2) IP 地址的规划方法。

(3) IP 地址的规划实例:如何根据实际需求划分子网。

项目总结(含技术总结、实施中的问题与对策、建议等):

4.10　项目拓展

在本项目中,如果要求每个子网能支持 63 台主机,那么会有什么不同? 如何进行规划?

项目5

生成树协议

通过本项目的实施,应具备以下能力。
- 了解局域网中的环路原因以及解决环路问题的方法;
- 通过配置 STP 协议来解决局域网中的环路问题;
- 了解 STP 的基本工作原理;
- 掌握以太网交换机上 STP 协议的配置方法。

5.1 项目简介

随着企业人数的进一步增加,××公司需要更多的交换机来构建更大的局域网来使所有用户都能够访问网络。但在实施中发现,如果在网络中存在冗余链路,就会带来相应的环路问题。这时候,可以利用生成树协议来解决环路问题,同时利用冗余链路来实现备份。

5.2 项目任务和要求

1. 项目任务
(1) 了解局域网中的广播风暴。
(2) 通过配置 STP 协议来解决局域网中的环路问题。
(3) 通过配置 STP 协议来进行合理的冗余链路备份。

2. 项目完成时间
2 小时。

3. 项目质量要求
(1) 网络互联互通,从 PCA 能够连通到 PCB。
(2) 设备配置脚本简洁明了,没有多余配置。

4. 安全与文明(6S)
项目实施时应注意安全与文明(6S)规范,包括但不限于以下规范。
(1) 设备、模块、线缆应按类分别摆放整齐。
(2) 所使用的耗材、线头等不要随意丢弃。
(3) 接触设备、模块等电子设备时要穿戴防静电服或防静电手腕带。
(4) 非项目要求,不随意关机断电重启。
(5) 工作成果(配置文件)注意随时保存。
(6) 如果设备上有模块,则不在开机状态下进行拔插操作。
(7) 保持现场干净整洁,及时清理。

5.3 项目设备及器材

本项目所需的设备及器材如表 5-1 所示。

表 5-1 设备及器材

名称和型号	版 本	数量	描 述
S5820V2-54QS-GE	Version 7.1	2	—
PC	Windows 10	2	—
第 5 类 UTP 以太网连接线	—	4	直连网线即可

5.4 项目背景

××公司原有 20 人,使用了一台二层交换机进行互联。后随着公司人数增加,需要再增加交换机。但增加交换机后发现,交换机互联的链路如果中断,会导致两台交换机上面所连接的所有用户都无法互通。

在图 5-1 所示网络中,两台交换机间的互联链路如果中断,会导致交换机下连接的用户 PCA 与 PCB 无法互通。

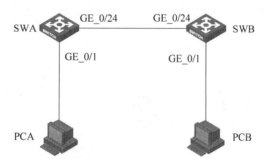

图 5-1 网络增加交换机

5.5 项目分析

在上述网络中,为了保证网络的可靠性,可以在交换机间使用冗余链路。为实现网络中的冗余链路,管理员决定在网络中增加一条连接两个交换机的网线(参见图 5-2),这样每台交换机都有两条链路进行连接,其中任意一条链路中断,网络仍然可以保持连通。

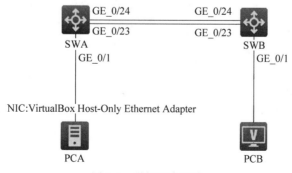

图 5-2 增加冗余链路

令人始料未及的是,在网络中新增了一条冗余链路之后,又出现了新的问题,交换机上的流量明显增大,特别是广播流量增加,交换机处于广播风暴出现时的满负荷工作状态。

广播风暴

交换机在转发数据帧时,它没有记录任何关于该数据帧的转发记录。所以由于某种原因(如网络环路),交换机再次接收到该数据帧时,它仍然毫无记录地将数据帧按照 MAC 地址表转发到指定端口。这样,所转发的报文数量越来越多,且没有过滤。特别是在遇到广播报文时,更容易在存在环路的网络中形成广播风暴。

那么我们应该怎样来解决这个问题呢? 这就需要使用以前我们并不知道的知识,STP(生成树协议)。

STP(生成树协议)

STP(生成树协议)是由美国电气和电子工程师协会(IEEE)所定义的网络协议,又称为802.1d 协议标准。它能够通过阻断网络中存在的冗余链路来消除网络可能存在的路径环路,并且在当前活动路径发生故障时激活被阻断的冗余备份链路来恢复网络的连通性,保障业务的不间断服务。

图 5-3 中给出了一个应用生成树的交换网络的例子,其中字符 ROOT 所标识的网桥是生成树的树根,实线是活动的链路,也就是生成树的枝条,而虚线则是被阻断的冗余链路,只有在活动链路断开时才会被激活。

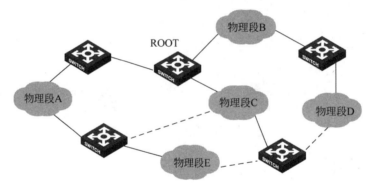

图 5-3   生成树网络

5.6   项目实施

通过以上分析,管理员决定在网络中使用 STP 来达到目标。具体实施过程如下。

(1)连接交换机,观察广播风暴对网络的影响。

(2)启动 STP 并检验效果。

(3)观察 STP 的状态。

(4)对 STP 进行优化。

(5)配置 RSTP/MSTP。

(6)配置根桥及路径开销。

5.6.1 连接交换机

根据表 5-2,对图 5-2 所示网络中的交换机进行连接。

表 5-2 设备连接表

源设备名称	设 备 接 口	目标设备名称	设 备 接 口
SWA	GE1/0/23	SWB	GE1/0/23
SWA	GE1/0/24	SWB	GE1/0/24
SWA	GE1/0/1	PCA(本地 PC)	—
SWB	GE1/0/1	PCB	—

检查设备的软件版本及配置信息,确保各设备软件版本符合要求,所有配置为初始状态。如果配置不符合要求,则可在用户模式下擦除设备中的配置文件,然后重启设备以使系统采用默认的配置参数进行初始化。

以上步骤可能会用到以下命令。

```
< H3C > display version
< H3C > reset saved - configuration
< H3C > reboot
```

提示

确认版本及擦除设备配置文件的目的是使网络设备恢复到原始状态,从而排除其他配置对项目实施的干扰。

并在 PC 上配置 IP 地址如表 5-3 所示。

表 5-3 IP 地址表

设 备 名 称	IP 地址	网 关
PCA	172.16.0.1/24	—
PCB	172.16.0.2/24	—

配置完成后,在 PCA 上执行命令"Ping 172.16.0.2 -t",以使 PCA 向 PCB 不间断发送 ICMP 报文,如下所示。

```
C:\Users > ping 172.16.0.2 - t

Pinging 172.16.0.2 with 32 bytes of data:

Reply from 172.16.0.2: bytes = 32 time < 1ms TTL = 64
Reply from 172.16.0.2: bytes = 32 time < 1ms TTL = 64
Reply from 172.16.0.2: bytes = 32 time < 1ms TTL = 64
...
```

注意

在 HCL 中,交换机默认 MSTP 功能是开启的,MSTP 收敛速度很快,无法直观地呈现实验效果,因此实验前需要把两台交换机的模式切换到 stp,且在实验中把 GE1/0/23 及 GE1/0/24 端口使用 undo stp enable 命令关闭 stp 功能,查看实验效果。

配置 SWA：

```
[H3C]sysname SWA
[SWA]stp mode stp
[SWA-GigabitEthernet1/0/23]undo stp enable
[SWA-GigabitEthernet1/0/24]undo stp enable
```

配置 SWB：

```
[H3C]sysname SWB
[SWB]stp mode stp
[SWB-GigabitEthernet1/0/23]undo stp enable
[SWB-GigabitEthernet1/0/24]undo stp enable
```

可以看到，交换机的端口指示灯在不断闪烁，说明有数据流通过。随着时间的推移，指示灯闪烁的频率会越来越快。且 PCA 上会出现"Request timed out."，表明 Ping 报文丢失。

再在交换机上使用 display interface 命令来查看接口上的流量，会发现 90% 以上的流量都是广播流量。

```
<SWA>display interface GigabitEthernet 1/0/24

GigabitEthernet1/0/24
Current state: UP
Line protocol state: UP
IP packet frame type: Ethernet II, hardware address: 782c-2939-bce0
Description: GigabitEthernet1/0/24 Interface
Bandwidth: 1000000 kbps
Loopback is not set
Media type is twisted pair
Port hardware type is 1000_BASE_T
1000Mbps-speed mode, full-duplex mode
Link speed type is autonegotiation, link duplex type is autonegotiation
Flow-control is not enabled
Maximum frame length: 12288
Allow jumbo frames to pass
Broadcast max-ratio: 100%
Multicast max-ratio: 100%
Unicast max-ratio: 100%
PVID: 1
MDI type: automdix
Port link-type: Access
 Tagged VLANs: None
 Untagged VLANs: 1
Port priority: 0
Last link flapping: 0 hours 12 minutes 41 seconds
Last clearing of counters: Never
 Peak input rate: 64600809 bytes/sec, at 2013-01-01 02:47:56
 Peak output rate: 64579418 bytes/sec, at 2013-01-01 02:47:56
 Last 300 second input: 852121 packets/sec 64600809 bytes/sec 65%
 Last 300 second output: 853491 packets/sec 64579418 bytes/sec 65%
 Input (total): 258886150 packets, 19695398087 bytes
```

```
        778 unicasts, 233568351 broadcasts, 25317021 multicasts, 0 pauses
  Input (normal): 258886150 packets, — bytes
        778 unicasts, 233568351 broadcasts, 25317021 multicasts, 0 pauses
  Input: 0 input errors, 0 runts, 0 giants, 0 throttles
        0 CRC, 0 frame, — overruns, 0 aborts
        — ignored, — parity errors
  Output (total): 259301805 packets, 19688839944 bytes
        127 unicasts, 234662904 broadcasts, 24638774 multicasts, 0 pauses
  Output (normal): 259301805 packets, — bytes
        127 unicasts, 234662904 broadcasts, 24638774 multicasts, 0 pauses
  Output: 0 output errors, — underruns, — buffer failures
        0 aborts, 0 deferred, 0 collisions, 0 late collisions
        0 lost carrier, — no carrier
```

以上信息中加粗的部分为广播流量（broacasts）。

注意

HCL 中设备无法很好地模拟流量，在 HCL 中执行 display interface GigabitEthernet
1/0/24 并不能呈现如上所示的报文数量，仅能发现关闭 stp 功能后，PCA 与 PCB 无法 ping
通了。

5.6.2　启动 STP 并检验效果

在图 5-2 所示的网络中，再次启动 2 台交换机 GE1/0/23 及 GE1/0/24 端口的 stp 功能，
其配置命令如下。

配置 SWA：

```
[SWA–GigabitEthernet1/0/23]stp enable
[SWA–GigabitEthernet1/0/24]stp enable
```

配置 SWB：

```
[SWB–GigabitEthernet1/0/23]stp enable
[SWB–GigabitEthernet1/0/24]stp enable
```

配置完成后，再观察交换机的端口指示灯，可以发现，指示灯闪烁的频率恢复到了正常的
状态，说明网络中的报文流量正常了，广播风暴的现象消失。说明 STP 协议已经发挥作用，在
网络中生成了没有环路的树型结构。

同时，从 PCA 对 PCB 的 ping 报文又恢复到了正常状态（整个收敛过程需要大约 1 分钟，
请耐心等待）。

```
C:\Users> ping 172.16.0.2 –t

Pinging 172.16.0.2 with 32 bytes of data:

Reply from 172.16.0.2: bytes = 32 time < 1ms TTL = 64
Reply from 172.16.0.2: bytes = 32 time < 1ms TTL = 64
Reply from 172.16.0.2: bytes = 32 time < 1ms TTL = 64

...
```

可以看到,报文能够正常发送且没有丢包。

STP 协议的作用是在杜绝广播风暴的同时为二层网络提供冗余性。下面我们来验证。

在 SWB 上查看交换机的两个互联端口上指示灯的闪烁情况,从而确定交换机间哪一个端口处于转发状态。其中一个端口指示灯会比另一个端口闪烁得较为频繁,说明交换机间通过这个端口转发数据。另外,也可以通过 display stp brief 命令来查看。

```
[SWB]display stp brief
 MSTID         Port            Role   STP State    Protection
   0    GigabitEthernet1/0/1    DESI   FORWARDING      NONE
   0    GigabitEthernet1/0/23   DESI   FORWARDING      NONE
   0    GigabitEthernet1/0/24   DESI   FORWARDING      NONE

< SWA > display stp brief
 MSTID         Port            Role   STP State    Protection
   0    GigabitEthernet1/0/1    DESI   FORWARDING      NONE
   0    GigabitEthernet1/0/23   ROOT   FORWARDING      NONE
   0    GigabitEthernet1/0/24   ALTE   DISCARDING      NONE
```

在上述输出中,可以看到 SWA 的端口 GE1/0/24 处于 DISCARDING 状态,表明这个端口不转发数据。

注意

因每个实验中设备状况不同,交换机端口的状态并不会与上述实验结果完全一致,请以实际结果为准。

端口状态

在启用 STP 的交换机上,端口会处于以下几种状态:阻塞(discarding)、学习(learning)、转发(forwarding)。其中学习状态是中间状态;阻塞状态下的端口不转发数据报文,转发状态的端口转发数据报文。

端口状态取决于端口的角色。根端口与指定端口会处于转发状态,而备份端口会处于阻塞状态。

将交换机之间处于 STP 转发状态的端口(本例中是 GE1/0/23)执行 shutdown 操作,同时观察 PCA 上发送的 ICMP 报文有无丢失,如下所示。

```
Reply from 172.16.0.2: bytes = 32 time < 1ms TTL = 64
Reply from 172.16.0.2: bytes = 32 time < 1ms TTL = 64
Reply from 172.16.0.2: bytes = 32 time < 1ms TTL = 64
Request timed out.
Request timed out.
Request timed out.
Request timed out.
Request timed out.
Request timed out.
Reply from 172.16.0.2: bytes = 32 time < 1ms TTL = 64
Reply from 172.16.0.2: bytes = 32 time < 1ms TTL = 64
Reply from 172.16.0.2: bytes = 32 time < 1ms TTL = 64
```

可以看到,丢失了 6 个 ICMP 报文后,PC 间能够互通了。

在交换机上通过 display stp brief 命令来查看。

```
<SWA>display stp brief
 MSTID           Port            Role    STP State    Protection
   0      GigabitEthernet1/0/1   DESI    FORWARDING    NONE
   0      GigabitEthernet1/0/24  ROOT    FORWARDING    NONE

(*) means port in aggregation group

[SWB]display stp brief
 MSTID           Port            Role    STP State    Protection
   0      GigabitEthernet1/0/1   DESI    FORWARDING    NONE
   0      GigabitEthernet1/0/24  DESI    FORWARDING    NONE
```

可以看到,SWA 的端口 GE1/0/24 原来处于 DISCARDING 状态,现在变化成了 FORWARDING 状态。

5.6.3　观察 STP 的状态

下面我们来完整观察 STP 如何管理端口的状态。

将刚刚交换机上的 GE1/0/23 端口执行 undo shutdown 命令重新启动,此时由于 STP 协议进行收敛计算会有一个过程,所以 PC 间会有 Ping 报文丢失。待 STP 收敛完成后(约 30 秒后),在交换机上分别用 display stp brief 命令来观察 STP 端口状态,如下所示。

```
<SWB>display stp brief
 MSTID           Port            Role    STP State    Protection
   0      GigabitEthernet1/0/1   DESI    FORWARDING    NONE
   0      GigabitEthernet1/0/23  DESI    FORWARDING    NONE
   0      GigabitEthernet1/0/24  DESI    FORWARDING    NONE
```

以上信息表明,SWB 上面的所有端口是指定端口(DESI),处于转发状态(FORWARDING)。

```
<SWA>display stp brief
 MSTID           Port            Role    STP State    Protection
   0      GigabitEthernet1/0/1   DESI    FORWARDING    NONE
   0      GigabitEthernet1/0/23  ROOT    FORWARDING    NONE
   0      GigabitEthernet1/0/24  ALTE    DISCARDING    NONE
```

以上信息表明,SWA 上的端口 GE1/0/23 是根端口(ROOT),处于转发状态(FORWARDING),负责在交换机之间转发数据;端口 GE1/0/24 是备份端口(ALTE),处于阻塞状态(DISCARDING);连接 PC 的端口 GE1/0/1 是指定端口(DESI),处于转发状态(FORWARDING)。

在交换机 SWA 上,在端口 GE1/0/1 执行 shutdown 命令后,再执行 undo shutdown 命令重新启动,并且在 SWA 上查看端口 GE1/0/1 的状态。注意每隔几秒执行命令查看一次,以能准确看到端口状态的迁移过程。例如:

```
[SWA-GigabitEthernet1/0/1]shutdown
[SWA-GigabitEthernet1/0/1]undo shutdown
  %Sep 1 15:13:42:059 2022 SWA IFNET/3/PHY_UPDOWN: Physical state on the interface GigabitEthernet1/
```

0/1 changed to up.

```
< SWA > display stp brief
  MSTID          Port           Role    STP State      Protection
    0     GigabitEthernet1/0/1    DESI    DISCARDING     NONE
    0     GigabitEthernet1/0/23   ROOT    FORWARDING     NONE
    0     GigabitEthernet1/0/24   ALTE    DISCARDING     NONE

< SWA > display stp brief
  MSTID          Port           Role    STP State      Protection
    0     GigabitEthernet1/0/1    DESI    LEARNING       NONE
    0     GigabitEthernet1/0/23   ROOT    FORWARDING     NONE
    0     GigabitEthernet1/0/24   ALTE    DISCARDING     NONE

< SWA > display stp brief
  MSTID          Port           Role    STP State      Protection
    0     GigabitEthernet1/0/1    DESI    FORWARDING     NONE
    0     GigabitEthernet1/0/23   ROOT    FORWARDING     NONE
    0     GigabitEthernet1/0/24   ALTE    DISCARDING     NONE
```

可知,端口从 DISCARDING 状态先迁移到 LEARNING 状态,最后到 FORWARDING 状态。

端口状态迁移

为了在网络拓扑改变时不会生成临时环路,所以在启用 STP 的交换机上,端口状态的变化并不是即时的,会有一个迁移的过程。

默认情况下,这个迁移过程会有 30 秒之多。

5.6.4   对 STP 进行优化

从前面可以看到,STP 虽然增强了网络的可靠性,但是网络的收敛速度较慢(至少 30 秒)。这样,当网络中的上层应用中断要求时间较短(几秒)时,使用 STP 不能符合要求。

那么如何使这个状态迁移加快呢? 下面我们用一条命令来达到目的。

配置 SWA:

```
[SWA]interface GigabitEthernet 1/0/1
[SWA - GigabitEthernet1/0/1] stp edged - port enable
```

配置完成后,在交换机 SWA 的 GE1/0/1 端口执行 shutdown 命令后,马上执行 undo shutdown 命令重新启动,并同时观察从 PCA 对 PCB 的 Ping 报文是否有丢失。

```
C:\Users > ping 172.16.0.2 - t

Pinging 172.16.0.2 with 32 bytes of data:

Reply from 172.16.0.2: bytes = 32 time < 1ms TTL = 64
Reply from 172.16.0.2: bytes = 32 time < 1ms TTL = 64
Reply from 172.16.0.2: bytes = 32 time < 1ms TTL = 64
Hardware error.
Request timeout.
```

```
Reply from 172.16.0.2: bytes = 32 time < 1ms TTL = 64
Reply from 172.16.0.2: bytes = 32 time < 1ms TTL = 64

…
```

交换机输出信息如下：

```
[SWA - Gigabit Ethernet1/0/1]display stp brief
 MSTID        Port          Role    STP State      Protection
   0    GigabitEthernet1/0/1    DESI    FORWARDING       NONE
   0    GigabitEthernet1/0/23   ROOT    FORWARDING       NONE
   0    GigabitEthernet1/0/24   ALTE    DISCARDING       NONE
```

可以看到,端口在连接电缆后马上成为转发状态,几乎没有报文丢失。这是因为端口被配置成边缘端口后,无须延迟而进入转发状态。

5.6.5　配置 RSTP/MSTP

RSTP/MSTP

RSTP(rapid spanning tree protocol,快速生成树协议)是 STP 协议的优化版。RSTP 能够完成生成树的所有功能,不同之处就在于:在某些情况下,RSTP 减小了端口从阻塞到转发的时延,尽可能快地恢复网络连通性,提供更好的用户服务。

而 MSTP(multiple spanning tree protocol,多生成树协议),能够在快速生成树的基础上,提供不同 VLAN 数据流的负载分担。

下面通过配置使交换机工作在 RSTP 模式下,在交换机 SWA 和 SWB 上分别配置:

```
[SWA]stp mode rstp
[SWB]stp mode rstp
```

在 SWB 上查看指示灯的闪烁情况及 STP 端口状态,确定交换机间哪一个端口(本例中是 GE1/0/23)处于转发状态。

```
[SWB]display stp brief
 MSTID         Port           Role    STP State      Protection
   0    GigabitEthernet1/0/1     DESI    FORWARDING       NONE
   0    GigabitEthernet1/0/23    DESI    FORWARDING       NONE
   0    GigabitEthernet1/0/24    DESI    FORWARDING       NONE


[SWA]display stp brief
 MSTID         Port           Role    STP State      Protection
   0    GigabitEthernet1/0/1     DESI    FORWARDING       NONE
   0    GigabitEthernet1/0/23    ROOT    FORWARDING       NONE
   0    GigabitEthernet1/0/24    ALTE    DISCARDING       NONE
```

在交换机之间处于 STP 转发状态的端口上执行 shutdown 命令后,马上执行 undo shutdown 命令重新启动,观察 PCA 上发送的 ICMP 报文有无丢失。正常情况下,应该没有报文丢失或仅有一个报文丢失。

在 SWA 上查看 STP 端口状态,看端口状态是否有变化,如下所示。

```
[SWA]display stp brief
MSTID        Port              Role    STP State      Protection
   0    GigabitEthernet1/0/1     DESI    FORWARDING      NONE
   0    GigabitEthernet1/0/24    ROOT    FORWARDING      NONE
```

可以看到,原来处于阻塞状态的端口 GE1/0/24 迁移到了转发状态。

无报文丢失说明目前交换网络的收敛速度很快。其实,这就是 RSTP 相对于 STP 的一个改进点。交换机运行 RSTP 时,SWA 上的两个端口中有一个是根端口,另外一个是备份根端口。当原根端口断开时,备份根端口快速切换到转发状态。

交换机的 STP 模式

H3C 交换机能够支持 STP、RSTP、MSTP。鉴于 MSTP 具有 STP、RSTP 的全部优点,所以默认情况下,交换机工作在 MSTP 模式下。

5.6.6 配置根桥及路径开销

将交换机上的电缆全部连接好,然后在交换机上分别用 display stp 命令来观察 STP 的相关信息,如下所示。

```
[SWA]display stp
------- [CIST Global Info][Mode RSTP] -------
CIST Bridge        :32768.00e0 - fc79 - 887c
Bridge Times       :Hello 2s MaxAge 20s FwDly 15s MaxHop 20
CIST Root/ERPC     :32768.00e0 - fc43 - 7421 / 200
CIST RegRoot/IRPC :    32768.00e0 - fc79 - 887c / 0
...

[SWB]display stp
------- [CIST Global Info][Mode RSTP] -------
CIST Bridge        :32768.00e0 - fc43 - 7421
Bridge Times       :Hello 2s MaxAge 20s FwDly 15s MaxHop 20
CIST Root/ERPC     :32768.00e0 - fc43 - 7421 / 0
CIST RegRoot/IRPC :32768.00e0 - fc43 - 7421 / 0
...
```

在上述输出信息中,我们注意到,SWB 所输出信息中的 CIST Bridge 和 CIST Root 是一样的,这说明,交换机 SWB 是根桥(root bridge)。

注意

因为每个交换机的网桥 ID 是不同的,所以我们在项目实施观察中看到的交换机网桥 ID 值很可能并不是上述示例中所输出的网桥 ID 值。

如果我们想让另一台交换机(SWA)成为根桥,应该如何操作呢?

配置 SWA:

```
[SWA]stp priority 0
```

然后在交换机上分别用 display stp 命令来观察 STP 的状态,如下所示。

```
[SWA]display stp
------- [CIST Global Info][Mode RSTP] -------
CIST Bridge          :0.00e0 - fc79 - 887c
Bridge Times         :Hello 2s MaxAge 20s FwDly 15s MaxHop 20
CIST Root/ERPC       :0.00e0 - fc79 - 887c / 0
CIST RegRoot/IRPC    :0.00e0 - fc79 - 887c / 0
...
[SWB]display stp
CIST Bridge          :32768.00e0 - fc43 - 7421
Bridge Times         :Hello 2s MaxAge 20s FwDly 15s MaxHop 20
CIST Root/ERPC       :0.00e0 - fc79 - 887c / 200
CIST RegRoot/IRPC    :32768.00e0 - fc43 - 7421 / 0
...
```

在上述输出信息中,我们注意到,SWA 所输出信息中的 CIST Bridge 和 CIST Root 是一样的,这说明,交换机 SWA 是根桥(Root Bridge)。

小贴士

在网络工程项目中,当两台交换机中有一台是性能比较高的核心交换机时,我们想让所有的数据流都经过这台交换机来转发,此时,可以将这台交换机配置为根桥。

通过上述配置,我们让其中一台交换机成了根桥。那么,如何通过配置 STP 而使我们选择其中某个端口进行转发呢? 首先我们来查看端口状态。

```
< SWB > display stp brief
MSTID          Port            Role   STP State    Protection
  0    GigabitEthernet1/0/1     DESI   FORWARDING    NONE
  0    GigabitEthernet1/0/23    ROOT   FORWARDING    NONE
  0    GigabitEthernet1/0/24    ALTE   DISCARDING    NONE

< SWA > display stp brief
MSTID          Port            Role   STP State    Protection
  0    GigabitEthernet1/0/1     DESI   FORWARDING    NONE
  0    GigabitEthernet1/0/23    DESI   FORWARDING    NONE
  0    GigabitEthernet1/0/24    DESI   FORWARDING    NONE
```

可以看到,SWA 是根桥,且其所有端口都是指定端口(DESI),为转发状态;SWB 是非根桥,其端口 GE1/0/23 是根端口(ROOT),为转发状态;端口 GE1/0/24 是备份端口(ALTE),为阻塞状态。

如果想让 SWB 上的 GE1/0/24 转发数据报文,那么应该如何操作呢?

可以通过修改 STP 的路径开销(path cost)值来达到目的。默认情况下,交换机的 100M 端口的 STP 路径开销值是 200,如果将其配置成小于 200 的数值,则 STP 协议会认为这条路径是较优的路径。

配置 SWB:

```
[SWB]interface GigabitEthernet 1/0/24
[SWB - GigabitEthernet1/0/24]stp cost 100
```

再次查看：

```
[SWB-GigabitEthernet1/0/24]display stp brief
MSTID         Port            Role    STP State    Protection
  0    GigabitEthernet1/0/1   DESI    FORWARDING   NONE
  0    GigabitEthernet1/0/23  ALTE    DISCARDING   NONE
  0    GigabitEthernet1/0/24  ROOT    FORWARDING   NONE
```

可以看到，现在SWB上的端口GE1/0/24变成了根端口（ROOT），处于转发状态，端口GE1/0/23变成了备份端口（ALTE），处于阻塞状态。

小贴士

在网络工程项目中，通过配置端口的STP路径开销，可以使数据流按照我们所定义的路径来转发，从而达到网络优化的目的。

5.7 项目常见问题

在本项目实施中，容易产生以下常见问题。

（1）在5.6.1小节中，无法产生广播风暴。

（2）在项目实施中，会记不清楚哪个端口处于什么状态，对网络拓扑产生混乱或错误的印象。

如果遇到上述问题，则解决办法如下。

（1）可以在PC机上反复进行Ping操作，以期产生大量的报文。另外一种比较快捷的方法是在交换机间再多连接一根网线，这样就会很快产生广播风暴。

（2）可以在空白纸上画上网络拓扑图，并将端口的状态进行标记。

5.8 项目评价

项目评价如表5-4所示。

表5-4 项目评价表

班级 _____			指导教师 _____				
小组 _____			日　　期 _____				
姓名 _____							

评价项目	评价标准	评价依据	评价方式			权重	得分
			学生自评	小组互评	教师评价		
职业素养	（1）遵守企业规章制度和劳动纪律 （2）按时按质完成工作 （3）积极主动承担工作任务，勤学好问 （4）人身安全与设备安全 （5）工作岗位6S完成情况	（1）出勤 （2）工作态度 （3）劳动纪律 （4）团队协作精神				0.3	

续表

评价项目	评 价 标 准	评 价 依 据	评 价 方 式			权重	得分
			学生自评	小组互评	教师评价		
专业能力	(1) 了解 STP 的基本工作原理 (2) 掌握以太网交换机上 STP 协议的配置方法 (3) 通过配置 STP 协议来解决局域网中的环路问题	(1) 操作的准确性和规范性 (2) 项目技术总结完成情况 (3) 专业技能任务完成情况				0.5	
创新能力	(1) 在任务完成过程中能提出自己的有一定见解的方案 (2) 在教学或生产管理上提出建议,具有创新性	(1) 方案的可行性及意义 (2) 建议的可行性				0.2	
合计							

5.9 项目总结

本项目主要涉及以下内容。

(1) STP 产生的原因是为了消除广播风暴。

(2) 生成树协议的基础配置技巧。

(3) STP 消除环路的原理。

(4) STP 的优化方法。

项目总结(含技术总结、实施中的问题与对策、建议等):

5.10 项目拓展

在上述项目中,使用了两台交换机来完成网络构建。如果交换机数量增加,那么实施上有什么不同?请按照图 5-4 项目规格进行项目的拓展。

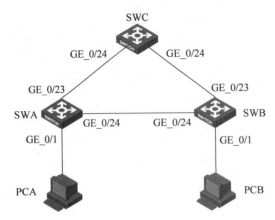

图 5-4　拓展项目拓扑图

拓展项目中涉及的设备和器材如表 5-5 所示。

表 5-5　设备和器材

名称和型号	版　　本	数量	描　　　述
S5820V2-54QS-GE	Version 7.1	3	—
PC	—	2	—
5 类双绞线	—	5	直通线即可

拓展项目要求如下。

（1）配置 RSTP 以达成网络互通且具有二层冗余性。

（2）配置 RSTP 以使 SWC 成为网络中的根桥。

（3）配置 RSTP 以使 PC 间的数据流直接由 SWA 到 SWB 进行转发。

802.1x认证

通过本项目的实施,应具备以下能力。

- 了解 802.1x 认证的功能;
- 了解 802.1x 相关协议的基本工作原理;
- 掌握以太网交换机上关于 802.1x 的配置方法。

6.1 项目简介

××大学校园图书馆网络,通过在交换机上配置 802.1x 协议,对校园网图书馆的接入用户进行了限制,并增强了网络的安全性。

6.2 项目任务和要求

1. 项目任务

(1)了解 802.1x 的功能。

(2)通过配置 802.1x 来对终端用户进行限制访问。

2. 项目完成时间

1 小时。

3. 项目质量要求

(1)网络互联互通,从 PCA 能够连通到 PCB。

(2)设备配置脚本简洁明了,没有多余配置。

4. 安全与文明(6S)

项目实施时应注意安全与文明(6S)规范,包括但不限于以下规范。

(1)设备、模块、线缆应按类分别摆放整齐。

(2)所使用的耗材、线头等不要随意丢弃。

(3)接触设备、模块等电子设备时要穿戴防静电服或防静电手腕带。

(4)非项目要求,不随意关机断电重启。

(5)工作成果(配置文件)注意随时保存。

(6)如果设备上有模块,则不在开机状态下进行拔插操作。

(7)保持现场干净整洁,及时清理。

6.3 项目设备及器材

本项目所需的设备及器材如表 6-1 所示。

表 6-1　设备及器材

名称和型号	版　本	数量	描　　述
H3C S5820V2-54QS-GE	7.1.075	1	—
PC	Windows	2	—
第 5 类 UTP 以太网连接线	—	2	直通线即可

6.4　项目背景

　　××大学校园图书馆网络为学校里的师生提供上网服务,使师生能够通过网络访问校内外的各种互联网资源。最初,网络并不限制用户访问,任意 PC 机都可以接入网络内;但后来发现,大量的外校学生甚至周围居民也到图书馆内来上网。而随着网络用户的大量增加,上网速度越来越慢,且大量的 PC 机携带有病毒,致使网络中病毒泛滥。

　　在图 6-1 所示××大学网络中,接入交换机下连接的所有 PC 机都能够无限制地进行网络访问。

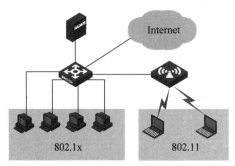

图 6-1　××大学校园网简明示意图

6.5　项目分析

　　××大学校园网图书馆是一个二层结构,大量的 PC 机(用户)通过接入层的二层交换机接入网络并访问服务器。需要对 PC 机进行访问限制,只允许有权限的 PC 机能够访问网络。

分层网络

　　通常大型交换网络都会分层,且大部分是二层结构,即核心层+接入层。核心层通常由转发性能强大的三层核心交换机担任,负责连接不同区域;而接入层通常由性能一般的二层交换机担任,负责用户接入。

　　根据项目的需求,管理员认为,需要在整个网络中的接入交换机上配置 802.1x 协议对 PC 机接入网络进行限制。PC 机上安装 802.1x 客户端软件,并由管理员统一告知上网账号(用户名+密码),只有在客户端软件上输入正确的上网账号,用户的 PC 机才能上网访问资源。

802.1x

　　IEEE 802.1x 标准(以下简称 802.1x)是一种基于端口的网络接入控制(port based network access control)协议,IEEE 于 2001 年颁布该标准文本并建议业界厂商使用其中的协议作为局域网用户接入认证的标准协议。

　　本项目主要是在二层交换机上进行 802.1x 功能的部署,故我们在下面的过程中取其中一台二层交换机实施。其组网图如图 6-2 所示。

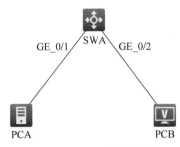

图 6-2 802.1x 网络示意图

6.6 项目实施

通过以上分析,管理员决定在网络中使用 802.1x 协议来达到目标。具体实施过程如下。

(1)连接交换机。

(2)在交换机上配置 802.1x。

(3)在 PC 机上安装并配置终端接入软件。

(4)验证 802.1x 并察看。

6.6.1 连接交换机

根据表 6-2,对图 6-2 所示网络中的交换机进行连接。

表 6-2 设备连接表

源设备名称	设 备 接 口	目标设备名称
SWA	GE1/0/1	PCA
SWB	GE1/0/2	PCB

检查设备的软件版本及配置信息,确保各设备软件版本符合要求,所有配置为初始状态。如果配置不符合要求,则可在用户模式下擦除设备中的配置文件,然后重启设备以使系统采用默认的配置参数进行初始化。

以上步骤可能会用到以下命令。

```
<H3C> display version
<H3C> reset saved - configuration
<H3C> reboot
```

提示

确认版本及擦除设备配置文件的目的是使网络设备恢复到原始状态,从而排除其他配置对项目实施的干扰。

并在 PC 上配置 IP 地址如表 6-3 所示。

表 6-3 IP 地址表

设备名称	IP 地址	网 关
PCA	172.16.0.1/24	—
PCB	172.16.0.2/24	—

配置完成后,在 PCA 上执行命令"ping 172.16.0.2 -t",以使 PCA 向 PCB 不间断发送 ICMP 报文,如下所示。

```
C:\Documents and Settings\Administrator > ping 172.16.0.2 - t

Pinging 172.16.0.2 with 32 bytes of data:

Reply from 172.16.0.2: bytes = 32 time < 1ms TTL = 64
Reply from 172.16.0.2: bytes = 32 time < 1ms TTL = 64
Reply from 172.16.0.2: bytes = 32 time < 1ms TTL = 64
...
```

说明 PC 机可以互相访问。

注意

如果此时在 PCA 上 ping 172.16.0.2 -t 后出现"Request timed out.",则表明 PCB 无回应,需要检查 PCB 是否开启了防火墙。

6.6.2   在交换机上配置 802.1x

在图 6-2 所示的网络中,在交换机上启用 802.1x 协议并创建本地用户。

配置交换机的名称为 SWA。

```
[H3C]sysname SWA
```

配置交换机全局启用 802.1x 协议。

```
[SWA]dot1x
802.1x is enabled globally.
```

配置交换机连接 PC 机的接口启用 802.1x 协议。

```
[SWA]interface GigabitEthernet 1/0/1
[SWA - GigabitEthernet1/0/1]dot1x
[SWA]interface GigabitEthernet 1/0/2
[SWA - GigabitEthernet1/0/2]dot1x
```

在交换机上创建名称为 abcde 的本地用户。

```
[SWA]local - user abcde class network
```

指定名称为 abcde 的本地用户的服务类型是 lan-access(就是 802.1x)。

```
[SWA - luser - network - abdce]service - type lan - access
```

指定名称为 abcde 的本地用户的密码是 12345,且为明文类型。

```
[SWA - luser - network - abdce]password simple 12345
```

上述配置完成后,可以看到在 PCA 上 ping 172.16.0.2 -t 后出现"Request timed out."。表明 PC 机已经无法互通了。

本地认证与远程集中认证

802.1x 的认证体系可分为本地认证及远程集中认证。本地认证指用户名和密码存储在接入交换机上,认证通过后用户访问网络。远程集中认证是指用户名和密码存储在远程的集中服务器上,接入交换机负责把用户名和密码转发到服务器上进行认证。

通常本地认证适用于小型网络,而远程集中适用于大中型网络,其优点是易于管理及扩展。

然后在 SWA 上查看本地用户。

```
< SWA > display local – user
0   The contents of local user abcde:
    State:                Active          ServiceType Mask: L
    Idle – cut:           Disable
    Access – limit:       Disable         Current AccessNum: 2
    Bind location:        Disable
    Vlan ID:              Disable
    Authorization VLAN:   Disable
    IP address:           Disable
    MAC address:          Disable

Total 1 local user(s) Matched, 1 listed.
ServiceType Mask Meaning: C – – Terminal F – – FTP L – – LanAccess S – – SSH T—Telnet
```

可以看到,用户 abcde 已经创建成功,且其服务类型是 lan-access。

6.6.3　在 PC 机上安装并配置终端接入软件

iNode 软件

iNode 是 H3C 公司的一款认证客户端软件,支持 802.1x 认证,可以在不同版本及类型的操作系统上安装。

iNode 软件可以从 H3C 官方网站上下载。在本项目中,所使用的版本号为 7.3(E0585)。

本文仅以 Windows 11 为例,其他系统安装过程类似。

首先联系管理员获取 iNode 客户端安装程序。

1. 启动安装向导

使用拥有管理员权限的用户登录 Windows 操作系统。右击 iNode 客户端安装程序图标,选择以管理员权限运行该安装程序,启动如图 6-3 所示的安装向导。单击"下一步"按钮,开始安装 iNode 客户端。

图 6-3　启动安装向导

2. 接受许可证协议条款

在图 6-4 中,选择"我接受许可证协议中的条款"并单击"下一步"按钮。

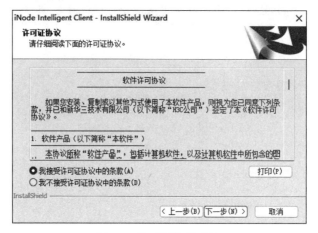

图 6-4　许可证协议确认

3. 设置安装路径

默认的安装路径为"C:\Program Files(x86)\iNode\iNode Client",如图 6-5 所示,也可以单击"更改"按钮选择 iNode 客户端的安装路径,如图 6-6 所示。确定安装路径后,单击"下一步"按钮。

图 6-5　选择安装位置

4. 开始安装

如图 6-7 所示,单击"上一步"按钮可以返回之前的页面更改安装设置;单击"安装"按钮开始进行 iNode 客户端的安装。安装过程需要一定时间。

5. 安装完成

安装完成后,如图 6-8 所示,选择立即重启计算机,单击"完成"按钮,退出安装向导。也可稍后手动重启。

6. 启动 iNode 客户端

双击桌面上的快捷方式 启动 iNode 客户端。注意,Windows 开始菜单中的路径因操作系统版本和风格设置不同而略有差异。

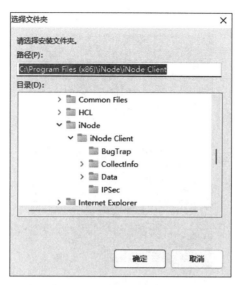

图 6-6 选择安装路径

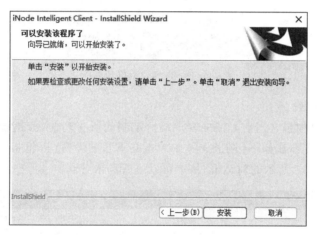

图 6-7 安装确认

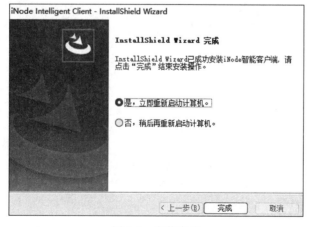

图 6-8 安装完成

成功启动后的界面如图 6-9 所示。

图 6-9　iNode 客户端启动界面

7. 新建场景(选做)

默认提供的场景中包含当前 iNode 客户端所定制的所有功能,如需调整场景设置可以在设置中新建场景,配置方法如下:在图 6-9 中单击右下角的设置(齿轮状),进入 iNode 设置界面。系统弹出如图 6-10 所示的对话框,从中可以进行场景管理。

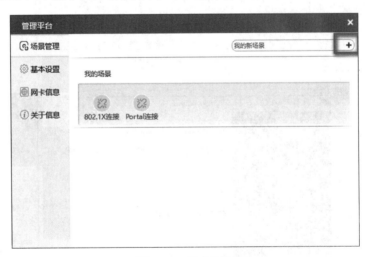

图 6-10　新建场景

8. 选择 802.1x 协议

iNode 智能客户端为多种协议提供了统一的认证平台。在图 6-11 所示的界面中单击 802.1x 连接所对应的"＋"以选择 802.1x 协议。

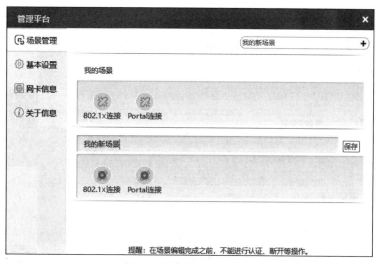

图 6-11　选择 802.1x 协议

9. 选择连接类型

802.1x 协议可以支持普通连接、快速认证连接、单点登录连接等几种连接类型。在图 6-12 中选择"普通连接"后,单击"下一步"按钮。

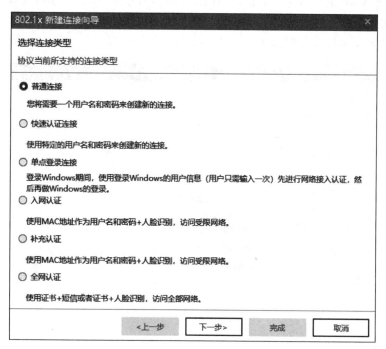

图 6-12　选择连接类型

10. 新建账户信息

在图 6-13 所示的新建账户信息界面中输入在交换机上所配置的用户名和密码。连接名可以自己定义,也可以选择默认的"802.1x 连接"。选择默认的网卡,然后单击"完成"按钮或单击"下一步"按钮继续。

图 6-13　802.1x 连接的账户信息

11. 完成 802.1x 连接配置

若无特殊需求,其余参数保持默认,并在如图 6-14 所示的 802.1x 连接属性中选择默认的网卡,然后单击"完成"按钮,完成 802.1x 属性的配置。在如图 6-15 所示界面中单击"保存"按钮,完成连接的场景创建并关闭设置界面。

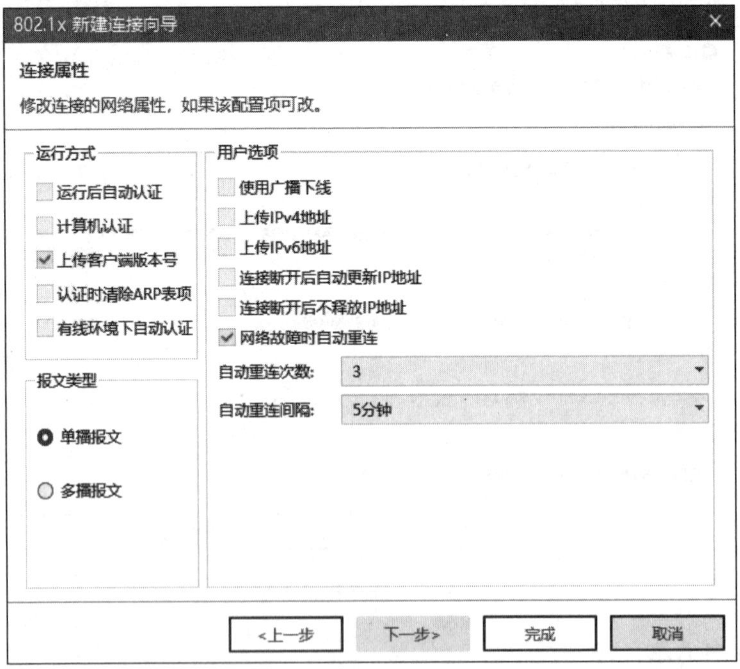

图 6-14　802.1x 连接属性

此时,PC 机完成 iNode 客户端的安装和 802.1x 连接的创建。

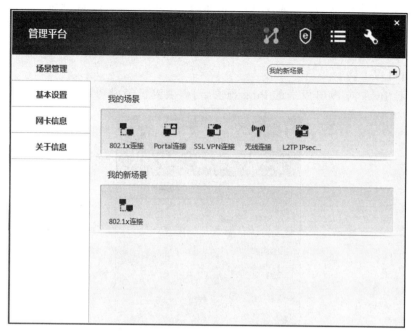

图 6-15   完成 802.1x 连接的创建

6.6.4   验证 802.1x 并察看

此时在 iNode 智能客户端中已经有了创建好的 802.1x 连接,如图 6-16 所示。

单击界面的"更多"链接,再单击"属性"链接以打开"属性设置"对话框。在"属性设置"对话框中取消选中"上传客户端版本号"复选项,如图 6-17 所示。然后单击"确定"按钮以完成 802.1x 属性的配置。

图 6-16   创建好的 802.1x 连接

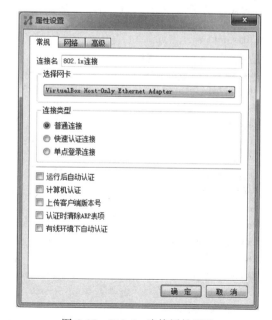

图 6-17   802.1x 连接属性配置

在如图 6-16 所示的"802.1x 连接"对话框中输入用户名"abcde"和密码"12345",然后单击"连接"按钮,以发起 802.1x 连接。

注意观察图 6-18 所示的认证信息。如果显示"您的身份认证成功",表明 802.1x 认证已经通过,PC 机可以上网。

同时,查看 PCA 向 PCB 发送的 Ping 报文,可以看到已经成功发送了。

图 6-18　802.1x 认证信息

在 SWA 上查看 802.1x 认证的相关信息。

```
[SWA]dis dot1x
  Global 802.1x parameters:
    802.1x authentication          : Enabled
    EAP authentication             : Enabled
    Max - tx period                : 30 s
    Handshake period               : 15 s
    Quiet timer                    : Disabled
        Quiet period               : 60 s
    Supp timeout                   : 30 s
    Server timeout                 : 100 s
    Reauth period                  : 3600 s
    Max auth requests              : 2
    SmartOn supp timeout           : 30 s
    SmartOn retry counts           : 3
    EAD assistant function         : Disabled
        EAD timeout                : 30 min
    Domain delimiter               : @
  Online 802.1x wired users        : 1
```

```
GigabitEthernet1/0/1 is link - up
     802.1x authentication          : Enabled
       Handshake                    : Enabled
       Handshake reply              : Disabled
       Handshake security           : Disabled
       Unicast trigger              : Disabled
       Periodic reauth              : Disabled
       Port role                    : Authenticator
       Authorization mode           : Auto
       Port access control          : MAC - based
       Multicast trigger            : Enabled
       Mandatory auth domain        : dot1x
       Guest VLAN                   : Not configured
       Auth - Fail VLAN             : Not configured
       Critical VLAN                : Not configured
       Critical voice VLAN          : Disabled
       Re - auth server - unreachable : Logoff
       Max online users             : 4294967295
       SmartOn                      : Disabled
       Max Attempts Fail Number     : 0
       Send Packets Without Tag     : Disabled

       EAPOL packets: Tx 53, Rx 49
       Sent EAP Request/Identity packets        : 33
           EAP Request/Challenge packets        : 9
           EAP Success packets                  : 1
           EAP Failure packets                  : 8
       Received EAPOL Start packets             : 8
           EAPOL LogOff packets                 : 4
           EAP Response/Identity packets        : 28
           EAP Response/Challenge packets       : 9
           Error packets                        : 0
     Online 802.1x users                        : 1
           MAC address   Auth state
           0cda - 411d - 9870   Authenticated
```

在上述输出信息中,一些重点内容已经用下画线进行了标示。所标示的内容显示,交换机已经全局启用了802.1x,并且在端口 GE1/0/1 上启用了802.1x,每个端口下面都有相应的用户认证通过,其 MAC 地址分别是1台 PC 机的 MAC 地址。端口的接入控制方式(port control type)是基于 MAC 地址(mac-based)的方式。

接入控制方式

交换机端口对用户的接入控制方式包括基于 MAC 地址的方式和基于端口的方式。

基于端口方式时,只要该端口下的第一个用户认证成功后,其他接入用户无须认证就可使用网络资源;而基于 MAC 方式时,该端口下的所有接入用户均需要单独认证。

在网络组建中,建议使用基于 MAC 方式,这样不管一个端口下连接多少个用户,都能对这些用户进行认证。MAC 方式也是交换机的默认接入控制方式。

6.7　项目常见问题

在本项目实施中,容易产生以下常见问题。

(1) 在 6.6.3 小节中,无法在 PC 机上安装 iNode 客户端软件或安装失败。

(2) 在 6.6.4 小节中,PC 机上进行 802.1x 连接时,系统提示失败。

如果遇到上述问题,则解决办法如下。

(1) 查看 iNode 客户端软件说明书,看是否存在操作系统不支持的情况。

(2) 根据系统提示失败进行相关操作。如系统提示账号信息有误,则重点检查是否用户名和密码输入有误;如系统仅提示无法认证,则有可能是 802.1x 连接的属性设置不正确。

6.8　项目评价

项目评价如表 6-4 所示。

表 6-4　项目评价表

班级 _____		指导教师 _____				
小组 _____		日　期 _____				
姓名 _____						

评价项目	评价标准	评价依据	评价方式			权重	得分
			学生自评	小组互评	教师评价		
职业素养	(1) 遵守企业规章制度和劳动纪律 (2) 按时按质完成工作 (3) 积极主动承担工作任务,勤学好问 (4) 人身安全与设备安全 (5) 工作岗位 6S 完成情况	(1) 出勤 (2) 工作态度 (3) 劳动纪律 (4) 团队协作精神				0.3	
专业能力	(1) 了解 802.1x 协议的使用场景 (2) 掌握以太网交换机上 802.1x 协议的设置方法 (3) 掌握 PC 机安装 iNode 客户端及建立 802.1x 连接的方法	(1) 操作的准确性和规范性 (2) 项目技术总结完成情况 (3) 专业技能任务完成情况				0.5	
创新能力	(1) 在任务完成过程中能提出自己的有一定见解的方案 (2) 在教学或生产管理上提出建议,具有创新性	(1) 方案的可行性及意义 (2) 建议的可行性				0.2	
合计							

6.9 项目总结

本项目主要涉及以下内容。

(1) 802.1x 协议的作用是为了限制用户访问。

(2) 配置 802.1x 协议以在交换机上实现本地认证。

项目总结(含技术总结、实施中的问题与对策、建议等):

6.10 项目拓展

××大学校园图书馆网络在实施 802.1x 后,无权限上网用户得到了限制。但所有用户都使用一样的用户名和密码,给管理带来了不便;另外,随着用户数量的增加,图书馆网络需要扩展,增加交换机数量。这样,所有交换机都需要配置用户名和密码,管理工作大大增加。管理员决定将网络改造成远程集中认证,如图 6-19 所示。这样,接入交换机只负责把用户名和密码转发到远程的集中服务器上即可进行认证。根据以上需求,请按照表 6-5 所示项目规格进行项目的拓展。

图 6-19 802.1x 远程认证

表 6-5 设备及器材

名称和型号	版　　本	数量	描　　述
H3C S5820V2-54QS-GE	7.1.075	1	—
PC	—	1	—
认证服务器	—	1	Radius 服务器,如 H3C 的 iMC

拓展项目要求如下。

(1) 在交换机上配置实现 RADIUS 方案。

(2) PC 机能够通过远程认证后上网。

路由器基础配置

通过本项目的实施,应具备以下能力。

- 描述路由器的基本功能;
- 描述路由器的基本工作原理;
- 了解 H3C 的路由器产品;
- 完成本地登录路由器;
- 完成路由器的基础配置;
- 完成远程登录路由器。

7.1 项目简介

××公司总部在北京,建有自己的办公网络。经过一段时间的发展,××公司在广州和上海建立了自己的办事处。管理员需要建立广域网,将总部与办事处的网络连接起来。

7.2 项目任务和要求

1. 项目任务

(1) 了解 H3C 路由器的功能特点。

(2) 能够本地及远程登录 H3C 路由器。

(3) 完成 H3C 路由器的基础配置。

2. 项目完成时间

1 小时。

3. 项目质量要求

(1) 项目步骤清晰明了。

(2) 按照项目要求配置,没有多余的配置。

4. 安全与文明(6S)

项目实施时应注意安全与文明(6S)规范,包括但不限于以下规范。

(1) 设备、模块、线缆应按类分别摆放整齐。

(2) 所使用的耗材、线头等不要随意丢弃。

(3) 接触设备、模块等电子设备时要穿戴防静电服或防静电手腕带。

(4) 非项目要求,不随意关机断电重启。

(5) 工作成果(配置文件)注意随时保存。

(6) 如果设备上有模块,则不在开机状态下进行拔插操作。

(7) 保持现场干净整洁,及时清理。

7.3　项目设备及器材

本项目所需的设备及器材如表 7-1 所示。

表 7-1　设备及器材

名称和型号	版　　本	数量	描　　述
MSR36-20	Version 7.1	1	—
PC	Windows	1	—
第 5 类 UTP 以太网连接线	—	1	直通线即可

7.4　项目背景

××公司总部建在北京,有员工 50 人。公司最近几年发展很快,规划在上海和广州建立自己的办事处。因信息安全要求,管理员需要建立网络专线,将北京、上海、广州的网络都连接起来。

7.5　项目分析

××公司需要通过 ISP 将异地的网络都连接起来。ISP 可以提供不同类型的专线接入,所以网络设备需要具有多种类型网络接口以满足不同线路的接入需求。路由器是利用第三层 IP 地址信息进行报文转发的互联设备,因其具有不同类型的接口(如以太网接口、串口等),可以用来连接到 ISP。

路由器

路由器(router)是一种计算机网络设备,提供了路由与转送两种重要机制:可以决定数据包从来源端到目的端所经过的路由路径,这称为路由;将路由器输入端的数据包移送至适当的路由器输出端,这称为转送。

H3C 路由器根据应用场景的不同,可分为核心路由器、高端路由器、中低端路由器等共计十几个系列产品,分别应用于网络的核心、汇聚和接入层。

MSR(multiple services router)多业务开放路由器是应用于行业分支机构和大中型企业的网络产品,包括 MSR50、MSR30 和 MSR20 等系列。

MSR36-20 是应用非常广泛的路由交换一体化设备,能够实现交换接口的灵活配置和交换接口高密度的要求。它提供了 2 个 HMIM 插槽(兼容 MIM 插槽),4 个 SIC 模块插槽,3 个千兆以太电口,1 个同异步串口等。

MSR36-20 的前面板外观图如图 7-1 所示。

MSR36-20 的指示灯如图 7-2 所示。

在前面板上,电源指示灯(power)用来指示设备的供电情况。灯亮表示设备正常供电,灯灭表示设备没有供电。系统指示灯(system)用来指示系统是否运行正常。灯闪烁表示系统正常运行,而灯常亮或灯常灭表示系统工作不正常。接口及模块指示灯用来表示该接口或者模块是否启动,灯常亮表示端口或者模块启动,闪烁代表有数据传输。

MSR36-20 的后面板外观图如图 7-3 所示。

在后面板上,主要是各种接口和插槽。其中包含有 SIC 插槽,可以用来插入各种 SIC(智能接口卡)模块;还有 MIM/HMIM 插槽,可以用来插入 MIM(多功能接口模块)或 HMIM 模

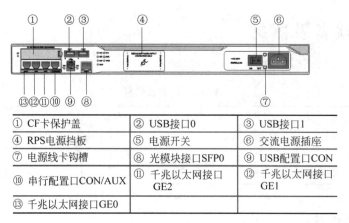

① CF卡保护盖	② USB接口0	③ USB接口1
④ RPS电源挡板	⑤ 电源开关	⑥ 交流电源插座
⑦ 电源线卡钩槽	⑧ 光模块接口SFP0	⑨ USB配置口CON
⑩ 串行配置口CON/AUX	⑪ 千兆以太网接口GE2	⑫ 千兆以太网接口GE1
⑬ 千兆以太网接口GE0		

图 7-1　MSR36-20 的前面板

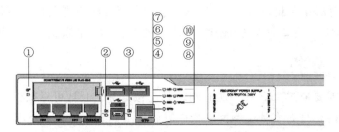

① CF卡指示灯	② Console接口指示灯	③ USB Console接口指示灯
④ 光模块指示灯SFP0	⑤ 千兆以太网接口指示灯GE0	⑥ 千兆以太网接口指示灯GE1
⑦ 千兆以太网接口指示灯GE2	⑧ 语音处理模块0槽位指示灯VPM0	⑨ 电源指示灯PWR
⑩ 系统指示灯SYS		

图 7-2　MSR36-20 的指示灯

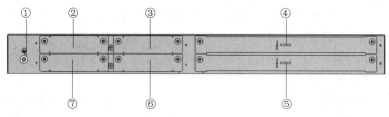

① 接地端子	② SIC接口模块插槽4	③ SIC接口模块插槽3
④ HMIM接口模块插槽6	⑤ HMIM接口模块插槽5	⑥ SIC接口模块插槽1
⑦ SIC接口模块插槽2		

图 7-3　MSR36-20 的后面板

块。根据不同的用途,用户可以根据实际情况进行灵活配置。

注意

　　不同型号路由器的体系结构、安装、操作和配置等均可能有所差别。本课程基于 MSR36-20 路由器进行讲解,并以其作为实验操作的练习设备。如果读者所采用的设备型号与本书不同,则可参考所用设备的相关手册。

本项目主要是实现对路由器的基础配置。其组网图如图 7-4 所示。

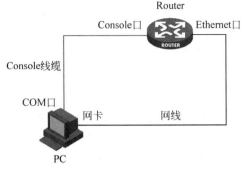

图 7-4　路由器基础配置示意图

7.6　项目实施

通过以上分析,管理员决定在项目中使用路由器进行广域网连接。在实施广域网连接前,需要对路由器进行一些基础配置,包括本地及远程登录等。具体实施过程如下。

(1) 本地登录路由器。

(2) 路由器基础配置。

(3) 通过 Telnet 远程登录路由器。

7.6.1　本地登录路由器

与以太网交换机类似,路由器的配置方式很多,如通过配置口(Console)配置,通过 Telnet 远程登录配置,通过 FTP、TFTP 远程配置,哑终端方式配置和远程 Web 配置等。其中最为常用的配置方式就是通过 Console 口本地登录路由器进行配置和远程 Telnet 远程配置。

Console 口配置是路由器最基本、最直接的配置方式。当路由器第一次被配置时,Console 口配置成为配置的唯一手段。因为其他配置方式都必须预先在路由器上进行一些初始化配置。

Console 口配置连接较为简单,其配置连接如图 7-5 所示。

图 7-5　通过 Console 口本地登录路由器

Console 线缆连接完成后,运行 PC 安装的终端仿真软件,如 MobaXterm、XShell、SecurityCRT、PuTTY 等,进入路由器的用户视图。Console 线缆及终端仿真软件的具体操作步骤可以参考项目 2 利用二层以太网组建局域网中的内容。

7.6.2　路由器基础配置

1. 配置设备名称

给设备配置名称类似于给设备起一个名字,易于记忆和管理。在路由器系统内部,设备名称对应于命令行接口的提示符,如设备的名称为 Sysname,则用户视图的提示符为 <Sysname>。

例如,给设备起一个名称为 RTA。

```
<H3C> system - view
```

```
[H3C]sysname RTA
[RTA]
```

小贴士

在项目实施中,如果有多台路由器,则一般在给路由器配置名称时会基于易于管理考虑,结合用途、位置、编号等命名。如路由器是属于北京总部的第一台路由器,则命名可以为 BJ_R_01。

2. 配置系统时间

为了保证与其他设备协调工作,用户需要将系统时间配置准确。比如某几台设备差不多同时发生故障,可以通过查看故障日志的时间来判断是哪一台设备先发生故障。

例如,配置设备的系统时间为 2022 年 8 月 25 日 16 时 00 分 00 秒。

```
<RTA> clock datetime 16:00:00 8/25/2022
```

通过 display clock 命令可以查看系统时间,显示如下:

```
<RTA> display clock
16:00:00 UTC Thu 08/25/2022
```

3. 查看设备当前生效的配置

当我们完成一组配置之后,需要验证是否配置正确。这时则可以执行 display current-configuration 命令来查看当前生效的参数。例如,我们在前面配置了设备名称、系统时间,则这些配置都可以使用 display current-configuration 命令来查看,如下所示。

```
<RTA> display current-configuration
#
 version 7.1.064, Release 0821P11
#
 sysname RTA
#
 system-working-mode standard
 xbar load-single
 password-recovery enable
 lpu-type f-series
#
vlan 1
#
interface Serial1/0
#
interface Serial2/0
#
interface Serial3/0
#
interface Serial4/0
#
interface NULL0
#
interface GigabitEthernet0/0
---- More ----
```

4. 查看设备当前系统状态信息

通过 display version 命令来查看版本信息,可以获知系统当前使用的软件版本、机架类型、主控板及接口板的相关信息,如下所示。

```
<RTA> display version
H3C Comware Software, Version 7.1.064, Release 0821P11
Copyright (c) 2004 - 2021 New H3C Technologies Co., Ltd. All rights reserved.
H3C MSR36 - 20 uptime is 0 weeks, 0 days, 0 hours, 7 minutes
Last reboot reason: User reboot
Boot image: flash:/msr36 - cmw710 - boot - r0821p11.bin
Boot image version: 7.1.064, Release 0821P11
  Compiled Mar 16 2021 15:00:00
Boot image: flash:/msr36 - cmw710 - system - r0821p11.bin
Boot image version: 7.1.064, Release 0821P11
  Compiled Mar 16 2021 15:00:00

CPU ID: 0x2
384M bytes DDR3 SDRAM Memory
1024M bytes Flash Memory
PCB             Version: 2.0
CPLD            Version: 1.0
Basic    BootWare Version: 1.42
Extended BootWare Version: 1.42
```

可以看到,此时 MSR 的版本是 Version 7.1.064,Release 0821P11。

5. 保存设备的当前配置

在用户视图下,可以使用 save 命令将路由器的当前配置保存到路由器的存储器中,如下所示。

```
<RTA> save
The current configuration will be written to the device. Are you sure? [Y/N]:y
Please input the file name( * .cfg)[flash:/startup.cfg]
(To leave the existing filename unchanged, press the enter key):
 Validating file. Please wait...
 Configuration is saved to device successfully.
```

在配置保存时,我们可以选择默认的名称,也可以指定文件名来进行保存。

6. 查看设备保存的配置

如果需要确认设备的当前配置是否保存起来,则可以用 display saved-configuration 命令进行确认,如下所示。

```
<RTA> display saved - configuration
#
 version 7.1.064, Release 0821P11
#
 sysname RTA
#
 system - working - mode standard
 xbar load - single
 password - recovery enable
 lpu - type f - series
#
vlan 1
#
```

```
interface Serial1/0
#
interface Serial2/0
#
interface Serial3/0
#
interface Serial4/0
#
interface NULL0
#
interface GigabitEthernet0/0
---- More ----
```

7. 删除设备的启动配置文件

当需要对设备的配置文件进行清空处理时,则可以使用 reset saved-configuration 命令删除设备中保存的下次启动配置文件,如下所示。

```
<RTA> reset saved-configuration
The saved configuration file will be erased. Are you sure? [Y/N]:y
Configuration file in flash is being cleared.
Please wait ...
Configuration file is cleared.
```

8. 重新启动设备

需要注意的是,reset saved-configuration 命令只是将下次启动配置文件删除。也就是设备当前配置仍然生效。如果想让当前配置失效,则需要重启设备并且在系统提示是否保存当前配置时选择"否",操作步骤如下所示。

```
<RTA> reboot
Start to check configuration with next startup configuration file, please wait...DONE!
Current configuration may be lost after the reboot, save current configuration? [Y/N]:N
This command will reboot the device. Continue? [Y/N]:Y
Now rebooting, please wait...
```

如果想让设备的配置恢复到初始状态,则可以先用 reset saved-configuration 命令将下次启动配置文件删除,然后用 reboot 命令将设备重启。设备重启后,因为没有启动配置文件,所以会加载设备的出厂默认配置。

小贴士

在现实网络中,因重启设备会面临业务或网络暂时中断的危险,所以一定须慎重。

7.6.3 通过 Telnet 远程登录路由器

同交换机的远程配置维护一样,在网络设备正常运行过程中,我们可能常常需要对路由器进行一些信息查询或者配置信息的修改。这时,就需要对路由器进行远程登录并配置。常见的远程登录协议有 Telnet 和 SSH,其区别在于 SSH 的安全性更好。

在通过 Telnet 配置路由器时,线缆连接方面除了 Console 口配置线缆的连接外,还需要保证主机和路由器具有网络互通性。

根据表 7-2 在 PC 和路由器上配置 IP 地址。

表 7-2　IP 地址表

设 备 名 称	IP 地址	网　关
PC	1.1.1.2/24	—
Router 以太网口	1.1.1.1/24	—

然后在 PC 上通过终端仿真软件对路由器进行操作。

1. 配置路由器以太口的 IP 地址

为了使 PC 与路由器具有网络互通性,需要在路由器上配置与 PC 相连接的以太口的 IP 地址。假设 PC 与路由器间通过第一个以太网口(GE0/0)互联,则相关配置如下:

```
[RTA]interface GigabitEthernet 0/0
[RTA-GigabitEthernet0/0] ip address 1.1.1.1 255.255.255.0
```

2. 启用路由器的 Telnet 服务器功能

对于路由器来说,需要启用路由器的 Telnet 服务器功能。只有启用了 Telnet 服务器,路由器才可以被其他设备 Telnet 访问。

```
[RTA]telnet server enable
```

3. 配置路由器的 Telnet 访问用户

基于安全考虑,路由器默认情况下不允许 Telnet 用户进行访问,需要配置相关用户信息,包括认证方式、密码、访问的权限等。

```
[RTA]line vty 0 4
[RTA-line-vty0-4]authentication-mode password
[RTA-line-vty0-4]set authentication password simple h3cl
[RTA-line-vty0-4]user-role network-admin
```

在上述命令中,配置路由器使用了密码认证方式,并设定密码为 h3cl,用户登录后所能得到的访问权限级别为 admin 级别(最高级)。

4. PC 上运行 Telnet 程序

为验证 telnet 能否成功,在 H3C HCL 中按照图 7-6 所示搭建实验环境,并按照 7.6.2 小节步骤对 RTA 进行配置,PC1 使用 Host 连接本地终端。其中本地终端 PC1 的 IP 地址 1.1.1.2/24 需要到本地计算机的"网络和 Internet"→"网络连接"→Virtualbox Host-Only Network 中进行设置。

下面以 Windows 10 为例,说明如何使用 Telnet 程序远程登录路由器。

同时按 Windows 键及 R 键,在运行对话框中输入"telnet 1.1.1.1",以启动 Telnet 程序,如图 7-7 所示。

图 7-6　HCL 连接本地终端

图 7-7　PC 运行 Telnet 程序

在 Telnet 程序启动后,根据程序提示,输入密码"h3c1",认证通过后出现命令行提示符(如<H3C>),如图 7-8 所示。如果出现"All user interfaces are used,please try later!"的提示,则说明系统允许登录的 Telnet 用户数已经达到上限,请待其他用户释放以后再连接。

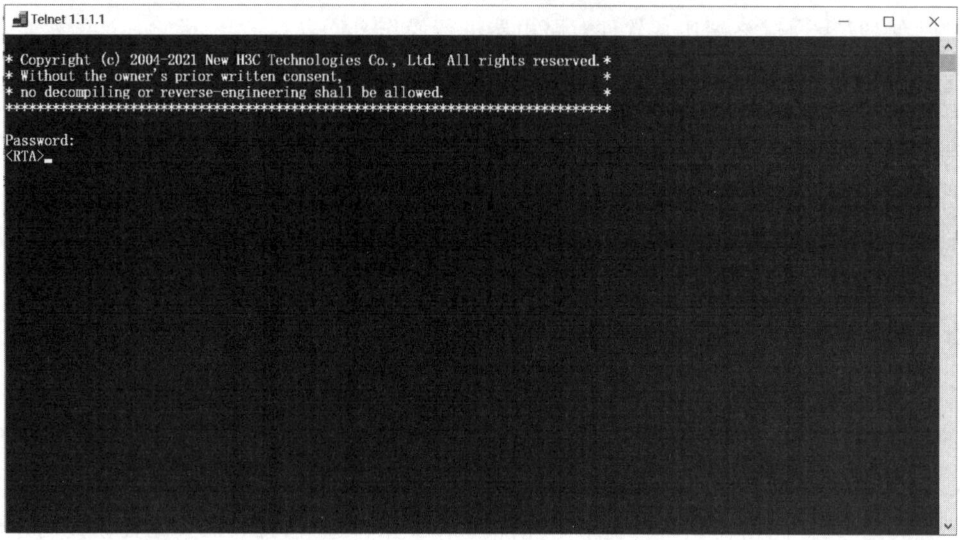

图 7-8   Telnet 路由器登录界面

注意

Telnet 连接依赖于 IP 可达性。如果客户端无法 Telnet 远程登录到服务器,则使用 Ping 命令来检查客户端到服务器端是否可达。

至此,PC 机已经通过 Telnet 登录路由器,可以对路由器进行相关配置。

7.7   项目常见问题

在本项目实施中,容易产生以下常见问题。

(1) 在 7.6.1 小节中,PC 使用终端仿真软件配置完毕,无法进入路由器的用户视图。

(2) 在 7.6.3 小节中,PC 机无法启动 Telnet。

如果遇到上述问题,则解决办法如下。

(1) 首先排除线缆和设备的问题。可以用替换法,即拿一个在其他设备上验证过的线缆或设备来测试。然后注意在终端软件中的串口属性是否设置正确,如 COM 口是否选择正确、波特率是否是 9600 等。经常遇到的问题是 COM 口设置不正确,需要选择正确的 COM 口。

(2) 对于 Windows 系统来说,操作系统本身并没有启动 Telnet 客户端服务,需要在系统的"控制面板"→"打开或关闭 Windows 功能"中将 Telnet 客户端服务开启。

7.8   项目评价

项目评价如表 7-3 所示。

表 7-3　项目评价表

班级						指导教师			

小组_____　　　　　　　　　　　日　　期_____

姓名_____

评价项目	评价标准	评价依据	评价方式			权重	得分
			学生自评	小组互评	教师评价		
职业素养	(1) 遵守企业规章制度和劳动纪律 (2) 按时按质完成工作 (3) 积极主动承担工作任务,勤学好问 (4) 人身安全与设备安全 (5) 工作岗位 6S 完成情况	(1) 出勤 (2) 工作态度 (3) 劳动纪律 (4) 团队协作精神				0.3	
专业能力	(1) 了解 H3C 路由器的功能特点 (2) 掌握本地登录路由器的配置方法 (3) 掌握通过 Telnet 登录路由器的配置方法	(1) 操作的准确性和规范性 (2) 项目技术总结完成情况 (3) 专业技能任务完成情况				0.5	
创新能力	(1) 在任务完成过程中能提出自己的有一定见解的方案 (2) 在教学或生产管理上提出建议,具有创新性	(1) 方案的可行性及意义 (2) 建议的可行性				0.2	
合计							

7.9　项目总结

本项目主要涉及以下内容。

(1) 路由器的特点是用来进行广域网连接。

(2) 通过超级终端来本地登录并配置路由器。

(3) 通过 Telnet 来远程登录并配置路由器。

7.10　项目拓展

无

静 态 路 由

通过本项目的实施,应具备以下能力。

- 了解静态路由的基本应用;
- 掌握路由器和三层交换机上静态路由的配置方法。

8.1 项目简介

A 公司随着业务增长,需要在外地开分支机构,为了保证总部和分支机构网络的连通性,公司规划使用静态路由进行部署实施。

8.2 项目任务和要求

1. 项目任务

(1) 了解静态路由适用场景。

(2) 通过配置静态路由协议来解决网络中不同子网的连通性问题。

2. 项目完成时间

2 小时。

3. 项目质量要求

(1) 网络互联互通,PC 机间的 ping 操作能够互通。

(2) 设备配置脚本简洁明了,没有多余配置。

4. 安全与文明(6S)

项目实施时应注意安全与文明(6S)规范,包括但不限于以下规范。

(1) 设备、模块、线缆应按类分别摆放整齐。

(2) 所使用的耗材、线头等不要随意丢弃。

(3) 接触设备、模块等电子设备时要穿戴防静电服或防静电手腕带。

(4) 非项目要求,不随意关机断电重启。

(5) 工作成果(配置文件)注意随时保存。

(6) 如果设备上有模块,则不在开机状态下进行拔插操作。

(7) 保持现场干净整洁,及时清理。

8.3 项目设备及器材

本项目所需的设备及器材如表 8-1 所示。

表 8-1 设备及器材

名称和型号	版　　本	数量	描　　述
S5820V2-54QS-GE	Version 7.1	1	—
MSR36-20	Version 7.1	2	—
PC	Windows	3	—
第 5 类 UTP 以太网连接线	—	5	直通线即可

8.4 项目背景

A 公司随着业务增长,在外地开分支机构。需要增加两台路由器保证两地网络的连通性。同时,为了减少路由维护工作,计划精简设备上的路由条目,如图 8-1 所示。

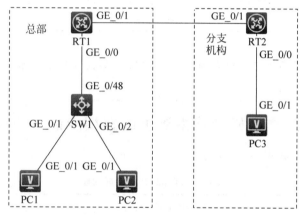

图 8-1 A 公司网络拓扑图

8.5 项目分析

静态路由(static routing)是一种特殊的路由,由网络管理员采用手工方法在路由器、交换机上配置而成。

目前公司网络规模不大,路由器、交换机的数量很少,网络拓扑比较简单,且未来暂时不会有太大变化,所以适合静态路由使用。

8.6 项目实施

通过以上分析,管理员决定在网络中使用静态路由协议来达到目标。具体实施过程如下。

(1) 连接 PC、交换机和路由器。

(2) 在 PC、交换机和路由器上配置相应的 IP 地址、VLAN。

(3) 在交换机和路由器上配置静态路由。

(4) 查看设备路由表,精简 SW1 和 RT2 路由配置。

8.6.1 连接 PC、交换机和路由器

根据表 8-2,对图 8-1 所示网络中的 PC、交换机和路由器进行连接。

检查设备的软件版本及配置信息,确保各设备软件版本符合要求,所有配置为初始状态。如果配置不符合要求,则可在用户模式下擦除设备中的配置文件,然后重启设备以使系统采用默认的配置参数进行初始化。

表 8-2 设备连接表

源设备名称	设备接口	目标设备名称	设备接口
SW1	GE1/0/1	PC1	—
SW1	GE1/0/2	PC2	—
SW1	GE1/0/48	RT1	GE0/0
RT1	GE0/1	RT2	GE0/1
RT2	GE0/0	PC3	—

以上步骤可能会用到以下命令。

```
<H3C> display version
<H3C> reset saved-configuration
<H3C> reboot
```

提示

　　确认版本及擦除设备配置文件的目的是使网络设备恢复到原始状态,从而排除其他配置对项目实施的干扰。

8.6.2 在 PC、交换机和路由器上配置相应的 IP 地址及 VLAN

PC 的 IP 地址规划如表 8-3 所示。

表 8-3 PC 的 IP 地址规划表

设备名称	IP 地址/掩码	网关地址
PC1	192.168.1.1/24	192.168.1.254
PC2	192.168.2.1/24	192.168.2.254
PC3	192.168.3.1/24	192.168.3.254

交换机的 VLAN 规划如表 8-4 所示。

表 8-4 交换机的 VLAN 规划表

设备名称	所属 VLAN	设备接口	接口类型
SW1	VLAN10	GE1/0/1	Access
SW1	VLAN20	GE1/0/2	Access
SW1	VLAN30	GE1/0/48	Access

路由器和交换机的 IP 地址规划如表 8-5 所示。

表 8-5 路由器和交换机的 IP 地址规划表

源设备名称	设备接口	接口 IP 地址	目标设备名称	设备接口	接口 IP 地址
SW1	Vlan-interface 30	10.1.1.1	RT1	GE0/0	10.1.1.2
SW1	Vlan-interface 10	192.168.1.254	PC1	—	192.168.1.1
SW1	Vlan-interface 20	192.168.2.254	PC2	—	192.168.2.1
RT1	GE0/1	202.1.1.1	RT2	GE0/1	202.1.1.2

根据上述规划,在网络设备上配置 VLAN 和 IP 地址。

配置 SW1:

[H3C]sysname SW1

[SW1]vlan 10

[SW1]vlan 20

[SW1]vlan 30

[SW1]interface Vlan-interface 10

[SW1-Vlan-interface10]ip address 192.168.1.254 24

[SW1]interface Vlan-interface 20

[SW1-Vlan-interface20]ip address 192.168.2.254 24

[SW1]interface Vlan-interface 30

[SW1-Vlan-interface30]ip address 10.1.1.1 24

[SW1]interface GigabitEthernet 1/0/1

[SW1-GigabitEthernet1/0/1]port access vlan 10

[SW1]interface GigabitEthernet 1/0/2

[SW1-GigabitEthernet1/0/2]port access vlan 20

[SW1]interface GigabitEthernet 1/0/48

[SW1-GigabitEthernet1/0/48]port access vlan 30

配置 RT1:

[H3C]sysname RT1

[RT1]interface GigabitEthernet 0/0

[RT1-GigabitEthernet0/0]ip address 10.1.1.2 24

[RT1]interface GigabitEthernet 0/1

[RT1-GigabitEthernet0/1]ip address 202.1.1.1 24

配置 RT2:

[H3C]sysname RT2

[RT2]interface GigabitEthernet 0/0

[RT2-GigabitEthernet0/0]ip address 192.168.3.254 24

[RT2]interface GigabitEthernet 0/1

[RT2-GigabitEthernet0/1]ip address 202.1.1.2 24

配置完成后,从 PC1 对 PC2 进行 ping 操作发现可以互通,显示结果如下:

<H3C> ping 192.168.2.1

Ping 192.168.2.1 (192.168.2.1): 56 data bytes, press CTRL_C to break

56 bytes from 192.168.2.1: icmp_seq=0 ttl=254 time=1.000 ms

56 bytes from 192.168.2.1: icmp_seq=1 ttl=254 time=3.000 ms

56 bytes from 192.168.2.1: icmp_seq=2 ttl=254 time=4.000 ms

56 bytes from 192.168.2.1: icmp_seq=3 ttl=254 time=1.000 ms

56 bytes from 192.168.2.1: icmp_seq=4 ttl=254 time=3.000 ms

--- Ping statistics for 192.168.2.1 ---

5 packet(s) transmitted, 5 packet(s) received, 0.0% packet loss

round-trip min/avg/max/std-dev = 1.000/2.400/4.000/1.200 ms

再从 PC1 对 PC3 进行 ping 操作并观察,显示结果如下:

```
< H3C > ping 192.168.3.1

Ping 192.168.3.1 (192.168.3.1): 56 data bytes, press CTRL_C to break
Request time out
Request time out
Request time out
Request time out
Request time out

--- Ping statistics for 192.168.3.1 ---
5 packet(s) transmitted, 0 packet(s) received, 100.0% packet loss
```

使用 display ip routing-table 命令查看一下 SW1 上的路由表。

```
[SW1]display ip routing - table

Destinations : 20        Routes : 20

Destination/Mask     Proto     Pre Cost      NextHop          Interface
0.0.0.0/32           Direct    0   0         127.0.0.1        InLoop0
10.1.1.0/24          Direct    0   0         10.1.1.1         Vlan30
10.1.1.0/32          Direct    0   0         10.1.1.1         Vlan30
10.1.1.1/32          Direct    0   0         127.0.0.1        InLoop0
10.1.1.255/32        Direct    0   0         10.1.1.1         Vlan30
127.0.0.0/8          Direct    0   0         127.0.0.1        InLoop0
127.0.0.0/32         Direct    0   0         127.0.0.1        InLoop0
127.0.0.1/32         Direct    0   0         127.0.0.1        InLoop0
127.255.255.255/32   Direct    0   0         127.0.0.1        InLoop0
192.168.1.0/24       Direct    0   0         192.168.1.254    Vlan10
192.168.1.0/32       Direct    0   0         192.168.1.254    Vlan10
192.168.1.254/32     Direct    0   0         127.0.0.1        InLoop0
192.168.1.255/32     Direct    0   0         192.168.1.254    Vlan10
192.168.2.0/24       Direct    0   0         192.168.2.254    Vlan20
192.168.2.0/32       Direct    0   0         192.168.2.254    Vlan20
192.168.2.254/32     Direct    0   0         127.0.0.1        InLoop0
192.168.2.255/32     Direct    0   0         192.168.2.254    Vlan20
224.0.0.0/4          Direct    0   0         0.0.0.0          NULL0
224.0.0.0/24         Direct    0   0         0.0.0.0          NULL0
255.255.255.255/32   Direct    0   0         127.0.0.1        InLoop0
```

display ip routing-table 命令

该命令用来查看路由表中路由的摘要信息,内容包括目的地址/掩码长度(Destination/Mask)、协议(Proto)、优先级(Pre)、度量值(Cost)、下一跳(NextHop)、出接口(Interface)等。

从上述 SW1 的 IP 路由表中可以看到,只有 PC1 与 PC2 所在网段(192.168.1.0/24 和 192.168.2.0/24)的直连路由,而并没有 PC3 所在的网段(192.168.3.0/24)的路由。

这也是为什么 PC1 与 PC2 可以互通,而 PC3 无法互通的原因。因为 SW1 的路由表中并没有 PC3 所在的网段(192.168.3.0/24),换言之,SW1 并不知道如何到达 PC3。

直连路由

路由器接口直接连接的网段称为直连路由。直连路由无须配置,由系统自动生成。

8.6.3 在交换机和路由器上分别配置静态路由

因为网络中的设备并不知道如何到达目的,所以需要在设备上手工配置静态路由,从而指导报文的转发。根据 IP 路由逐跳转发的原理,在配置静态路由的时候,要配置到目的地路径上所有网段的路由。

逐跳转发

网络设备在转发 IP 报文时,根据本地路由表转发到本设备出接口(下一跳),而并不关注报文后续的转发行为。

在 SW1 上配置去往 PC3 网段、RT1 和 RT2 互联网段的路由,其命令如下:

```
[SW1]ip route - static 192.168.3.0 24 10.1.1.2
[SW1]ip route - static 202.1.1.0 24 10.1.1.2
```

在 RT1 上配置去往 PC1、PC2 和 PC3 网段的路由,其命令如下:

```
[RT1]ip route - static 192.168.1.0 24 10.1.1.1
[RT1]ip route - static 192.168.2.0 24 10.1.1.1
[RT1]ip route - static 192.168.3.0 24 202.1.1.2
```

在 RT2 上配置去往 PC1、PC2、SW1 与 RT1 互联网段的路由,其命令如下:

```
[RT2]ip route - static 192.168.1.0 24 202.1.1.1
[RT2]ip route - static 192.168.2.0 24 202.1.1.1
```

ip route-static 命令

该命令用来配置静态路由。命令格式为 ip route-static *dest-address* {*mask* | *mask-length*} {*next-hop-address*}。其中,*dest-address* 为目的地址;*mask* | *mask-length* 为掩码|掩码长度;*next-hop-address* 为下一跳地址。

配置完成后,从 PC1 对 PC3 进行 ping 操作发现可以互通了,显示结果如下:

```
<H3C> ping 192.168.3.1

Ping 192.168.3.1 (192.168.3.1): 56 data bytes, press CTRL_C to break
56 bytes from 192.168.3.1: icmp_seq = 0 ttl = 252 time = 2.000 ms
56 bytes from 192.168.3.1: icmp_seq = 1 ttl = 252 time = 2.000 ms
56 bytes from 192.168.3.1: icmp_seq = 2 ttl = 252 time = 2.000 ms
56 bytes from 192.168.3.1: icmp_seq = 3 ttl = 252 time = 1.000 ms
56 bytes from 192.168.3.1: icmp_seq = 4 ttl = 252 time = 1.000 ms

--- Ping statistics for 192.168.3.1 ---
5 packet(s) transmitted, 5 packet(s) received, 0.0 % packet loss
round - trip min/avg/max/std - dev = 1.000/1.600/2.000/0.490 ms
```

说明配置的静态路由已经生效了。

8.6.4 查看设备的路由表，精简 SW1 和 RT2 的路由配置

在 SW1 上查看所配置的静态路由。

< SW1 > display ip routing – table protocol static

Summary count : 2

Static Routing table status : < Active >
Summary count : 2

Destination/Mask	Proto	Pre Cost	NextHop	Interface
192.168.3.0/24	Static	60　0	10.1.1.2	Vlan30
202.1.1.0/24	Static	60　0	10.1.1.2	Vlan30

Static Routing table status : < Inactive >
Summary count : 0

从上面的信息可以知道，静态路由协议的优先级（Preference）默认为 60，去往 192.168.3.0/24 和 202.1.1.0/24 网段的路由下一跳均为 10.1.1.2（RT1 的 GE0/0 接口）。

display ip routing-table protocol

该命令用来查看指定协议的路由信息。命令格式为：display ip routing-table protocol *protocol*。其中，参数 *protocol* 表示协议类型，如静态路由协议为 static。

在此项目中，要求精简设备上的路由配置。所以，可以用一条默认路由代替这两条静态路由。

默认路由

默认路由是一种特殊的路由。当数据在查找路由表时，没有找到和目标精确匹配的路由表项时，将采用默认路由（如果存在默认路由）。在路由表中，默认路由以到网络 0.0.0.0/0 的路由形式出现。

"默认"并非是指出厂就已经设置好的意思，默认路由在静态路由中同样需要进行配置。

首先在 SW1 上删除原有的两条静态路由。

[SW1]undo ip route – static 202.1.1.0 24
[SW1]undo ip route – static 192.168.3.0 24

此时从总部局域网内的 PC1、PC2 不能 ping 通对端 RT2 上局域网中的 PC3。

加上一条默认路由。

[SW1]ip route – static 0.0.0.0 0 10.1.1.2

此时从总部局域网二层交换机上的 PC1、PC2 可以重新 ping 通对端 RT2 上局域网中的 PC3。在这个例子中，交换机 SW1 接收到任何数据包后，如果它们的目的地不是直连的网段，则 SW1 通过默认路由将报文发送到下一跳 10.1.1.2。

在设备上查看相关的路由表信息。

```
[SW1]display ip routing－table

Destinations : 21      Routes : 21

Destination/Mask    Proto    Pre Cost    NextHop         Interface
0.0.0.0/0           Static   60  0       10.1.1.2        Vlan30
0.0.0.0/32          Direct   0   0       127.0.0.1       InLoop0
10.1.1.0/24         Direct   0   0       10.1.1.1        Vlan30
10.1.1.0/32         Direct   0   0       10.1.1.1        Vlan30
10.1.1.1/32         Direct   0   0       127.0.0.1       InLoop0
10.1.1.255/32       Direct   0   0       10.1.1.1        Vlan30
127.0.0.0/8         Direct   0   0       127.0.0.1       InLoop0
127.0.0.0/32        Direct   0   0       127.0.0.1       InLoop0
127.0.0.1/32        Direct   0   0       127.0.0.1       InLoop0
127.255.255.255/32  Direct   0   0       127.0.0.1       InLoop0
192.168.1.0/24      Direct   0   0       192.168.1.254   Vlan10
192.168.1.0/32      Direct   0   0       192.168.1.254   Vlan10
192.168.1.254/32    Direct   0   0       127.0.0.1       InLoop0
192.168.1.255/32    Direct   0   0       192.168.1.254   Vlan10
192.168.2.0/24      Direct   0   0       192.168.2.254   Vlan20
192.168.2.0/32      Direct   0   0       192.168.2.254   Vlan20
192.168.2.254/32    Direct   0   0       127.0.0.1       InLoop0
192.168.2.255/32    Direct   0   0       192.168.2.254   Vlan20
224.0.0.0/4         Direct   0   0       0.0.0.0         NULL0
224.0.0.0/24        Direct   0   0       0.0.0.0         NULL0
255.255.255.255/32  Direct   0   0       127.0.0.1       InLoop0
```

我们试着从 PC1 向 PC3 发 ping 报文。

```
< H3C > ping 192.168.3.1
Ping 192.168.3.1 (192.168.3.1): 56 data bytes, press CTRL_C to break
56 bytes from 192.168.3.1: icmp_seq = 0 ttl = 252 time = 4.000 ms
56 bytes from 192.168.3.1: icmp_seq = 1 ttl = 252 time = 3.000 ms
56 bytes from 192.168.3.1: icmp_seq = 2 ttl = 252 time = 5.000 ms
56 bytes from 192.168.3.1: icmp_seq = 3 ttl = 252 time = 6.000 ms
56 bytes from 192.168.3.1: icmp_seq = 4 ttl = 252 time = 5.000 ms

--- Ping statistics for 192.168.3.1 ---
5 packet(s) transmitted, 5 packet(s) received, 0.0 % packet loss
round - trip min/avg/max/std - dev = 3.000/4.600/6.000/1.020 ms
```

可以 ping 通,说明默认路由生效了。

同理,再将 RT2 上的两条静态路由删除,添加一条下一跳地址为 RT1 的 GE0/0 接口 202.1.1.1 的默认路由。

```
[RT2]undo ip route－static 192.168.1.0 24
[RT2]undo ip route－static 192.168.2.0 24
[RT2]ip route－static 0.0.0.0 0 202.1.1.1
```

这时，PC1、PC2 可以 ping 通对端 RT2 上局域网中的 PC3。

通过 tracert 命令来查看一下 PC1 到 PC3 的数据报文经过哪些设备。

tracert 命令

tracert 命令用来查看 IPv4 报文从源端传到目的端所经过的路径。当用户使用 ping 命令测试发现网络出现故障后，可以用 tracert 命令分析出现故障的网络节点。

tracert 命令的输出信息包括到达目的端所经过的所有三层设备的 IP 地址，如果某设备不能回应 ICMP 错误消息（可能因为路由不可达或者没有开启 ICMP 错误报文处理功能），则输出"＊　＊　＊"。

首先，要在 SW1、RT1 和 RT2 设备上开启 ICMP 超时报文的发送功能，以及 ICMP 目的不可达报文的发送功能。

```
[SW1]ip ttl－expires enable
[SW1]ip unreachables enable
[RT1]ip ttl－expires enable
[RT1]ip unreachables enable
[RT2]ip ttl－expires enable
[RT2]ip unreachables enable
```

提示

ip ttl-expires enable 命令用来开启设备的 ICMP 超时报文的发送功能。undo ip ttl-expires 命令用来关闭设备的 ICMP 超时报文的发送功能。默认情况下，ICMP 超时报文发送功能处于关闭状态。

ip unreachables enable 命令用来开启设备的 ICMP 目的不可达报文的发送功能。undo ip unreachables 命令用来关闭设备的 ICMP 目的不可达报文的发送功能。默认情况下，ICMP 目的不可达报文发送功能处于关闭状态。

然后，在 PC1 上进行 tracert 操作，来查看 PC1 到 PC3 的转发路径。

```
<H3C> tracert 192.168.3.1
traceroute to 192.168.3.1 (192.168.3.1), 30 hops at most, 40 bytes each packet, press CTRL_C
to break
 1   192.168.1.254 (192.168.1.254) 1.000 ms 1.000 ms 1.000 ms
 2   10.1.1.2 (10.1.1.2) 3.000 ms 2.000 ms 2.000 ms
 3   202.1.1.2 (202.1.1.2) 3.000 ms 3.000 ms 3.000 ms
 4   ＊  ＊  ＊
 5   ＊  ＊  ＊
 6   ＊  ＊  ＊
 7   ＊  ＊  ＊
 8   ＊  ＊  ＊
 9   ＊  ＊  ＊
```

因网络模拟器 HCL 自带的终端 PC 不支持 ICMP 错误报文处理功能，故最后一跳 192.168.3.1 无法显示，输出"＊＊＊"，此时可以用 1 个路由器来代替 PC3 来完成实验，实验拓扑图如图 8-2 所示。

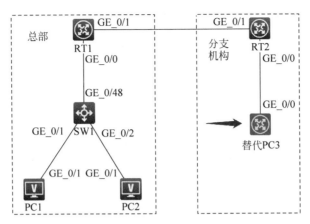

图 8-2 A 公司网络拓扑图

此时需要对替代 PC3 的路由器进行如下配置。

```
[H3C]sysname PC3
[PC3]interface GigabitEthernet 0/0
[PC3 - GigabitEthernet0/0]ip address 192.168.3.1 24
[PC3 - GigabitEthernet0/0]quit
```

//配置默认路由确保替代 PC3 的路由器能够与其他设备或终端进行通信

```
[PC3]ip route - static 0.0.0.0 0 192.168.3.254
```

此时,再次在 PC1 上进行 Tracert 操作,来查看 PC1 到 PC3 的转发路径。

```
C:\Users > tracert 192.168.3.1

traceroute to 192.168.3.1 (192.168.3.1), 30 hops at most, 40 bytes each packet, press CTRL_C
to break
 1   192.168.1.254 (192.168.1.254)   2.000 ms   1.000 ms   1.000 ms
 2   10.1.1.2 (10.1.1.2)   2.000 ms   3.000 ms   2.000 ms
 3   202.1.1.2 (202.1.1.2)   3.000 ms   4.000 ms   3.000 ms
 4   192.168.3.1 (192.168.3.1)   4.000 ms   3.000 ms   4.000 ms
```

// 跟踪完成

从上述可知,PC1 首先到达网关 SW1(192.168.1.254),然后到达 RT1(10.1.1.2),再到达 RT2(202.1.1.2),最后到达 PC3(192.168.3.1)。

8.7 项目常见问题

在本项目实施中,容易产生以下常见问题。

(1) 未配置静态路由前,从 PC1 无法 ping 通过 PC2。

(2) 配置静态路由后,从 PC1 无法 ping 通过 PC3。

如果遇到上述问题,则解决办法如下。

(1) 因未配置静态路由,且 PC1 与 PC2 是直连在同一网络设备上的,所以肯定不是路由问题,很大可能是 PC 的防火墙未关闭。

(2) 配置静态路由时注意不要遗漏,因为数据传输是一个双向的过程,从一点到另一点有去的流量,也有回的流量。因此在路由的配置上也必须是双向的,即有去的路由也有回的路由。

8.8   项目评价

项目评价如表8-6所示。

表 8-6   项目评价表

班级 _____			指导教师 _____			
小组 _____			日　　期 _____			
姓名 _____						

评价项目	评价标准	评价依据	评价方式			权重	得分
			学生自评	小组互评	教师评价		
职业素养	(1) 遵守企业规章制度和劳动纪律 (2) 按时按质完成工作 (3) 积极主动承担工作任务,勤学好问 (4) 人身安全与设备安全 (5) 工作岗位 6S 完成情况	(1) 出勤 (2) 工作态度 (3) 劳动纪律 (4) 团队协作精神				0.3	
专业能力	(1) 了解 STP 的基本工作原理 (2) 掌握以太网交换机和路由器上静态路由的配置方法 (3) 掌握以太网交换机和路由器上默认路由的配置方法	(1) 操作的准确性和规范性 (2) 项目技术总结完成情况 (3) 专业技能任务完成情况				0.5	
创新能力	(1) 在任务完成过程中能提出自己的有一定见解的方案 (2) 在教学或生产管理上提出建议,具有创新性	(1) 方案的可行性及意义 (2) 建议的可行性				0.2	
合计							

8.9   项目总结

本项目主要涉及以下内容。

(1) 静态路由是一种需要网络管理员手工配置的路由,适用于拓扑简单的网络中。

(2) 默认路由也需要网络管理员手工配置,可用来简化路由表。

(3) 在查找路由表时,没有找到和目的网络精确匹配的路由表项时,将采用默认路由。

项目总结(含技术总结、实施中的问题与对策、建议等)：

8.10　项目拓展

在上述项目中,使用了两台路由器和一台三层交换机来完成网络构建。如果在 RT2 和 PC3 之间增加一台三层交换机,其中 RT2 和 SW2 互联网段为 20.1.1.0/24,PC3 的网关变更到 SW2 上,那么实施上有什么不同？请按照如图 8-3 所示项目规格进行项目的拓展。

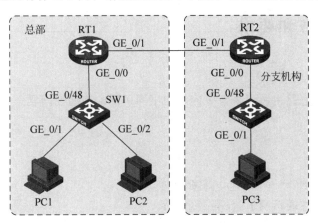

图 8-3　拓展项目拓扑图

拓展项目中涉及的设备及器材如表 8-7 所示。

表 8-7　设备及器材

名称和型号	版　本	数量	描　述
S5820V2-54QS-GE	Version 7.1	2	—
MSR36-20	Version 7.1	2	—
PC	Windows	3	—
第 5 类 UTP 以太网连接线	—	6	直连网线即可

拓展项目要求如下。

(1) 配置静态路由以达成网络互通。

(2) 在全网互通的条件下,在 SW2 上配置下一跳为 RT2 的默认路由。

项目9

动态路由协议——OSPF

通过本项目的实施,应具备以下能力。

- 了解关于链路状态算法路由协议的基本概念;
- 了解 OSPF 协议的特性和基本工作原理;
- 掌握 OSPF 协议的配置方法。

9.1 项目简介

随着企业不断发展,A公司使用的静态路由在实际应用中也逐渐显出了其劣势。A公司决定采用动态路由协议 OSPF 来维护网络的连通性。

9.2 项目任务和要求

1. 项目任务

(1) 了解 OSPF 适用场景。

(2) 通过配置静态路由协议来解决网络中不同子网的连通性问题。

2. 项目完成时间

2 小时。

3. 项目质量要求

(1) 网络互联互通,PC 间的 ping 能够互通。

(2) 设备配置脚本简洁明了,没有多余配置。

4. 安全与文明(6S)

项目实施时应注意安全与文明(6S)规范,包括但不限于以下规范。

(1) 设备、模块、线缆应按类分别摆放整齐。

(2) 所使用的耗材、线头等不要随意丢弃。

(3) 接触设备、模块等电子设备时要穿戴防静电服或防静电手腕带。

(4) 非项目要求,不随意关机断电重启。

(5) 工作成果(配置文件)注意随时保存。

(6) 如果设备上有模块,则不在开机状态下进行拔插操作。

(7) 保持现场干净整洁,及时清理。

9.3 项目设备及器材

本项目所需的设备及器材如表 9-1 所示。

表 9-1 设备及器材

名称和型号	版　　本	数量	描　　述
S5820V2-54QS-GE	Version 7.1	1	—
MSR36-20	Version 7.1	2	—
PC	Windows	3	—
第 5 类 UTP 以太网连接线	—	5	直通线即可

9.4　项目背景

　　A 公司随着业务增长,计划在外地增加新的分支机构,并扩大网络规模,如图 9-1 所示。同时在保证业务互联互通的前提下,还需要考虑网络的可扩展性和健壮性。

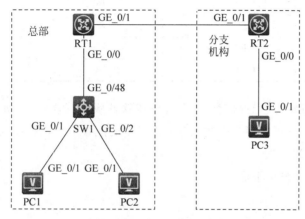

图 9-1　A 公司网络拓扑图

9.5　项目分析

　　A 公司目前网络规模不大,路由器、交换机的数量很少,网络拓扑比较简单,所以适合静态路由使用。

　　但 A 公司计划扩大网络规模。而随着网络复杂程度的上升,手工配置静态路由的工作量也随之大大增加,而且"静态"的路由无法反映网络实时变化的情况,经常需要手工的修改。鉴于静态路由的上述缺陷,公司决定在网络中部署动态路由协议。

　　而对于动态路由协议来说,RIP 协议仅适合小型网络,其可扩展性不高;且 RIP 协议的收敛速度较慢。综合考虑,公司决定在网络中部署另外一种动态路由协议——OSPF。

OSPF

　　OSPF(open shortest path first,开放最短径优先)是一种基于链路状态的路由协议,具有无环路、收敛速度快等优点,在网络中配置与应用非常普遍。其配置要比 RIP 协议复杂,实施前需要进行区域规划。

9.6　项目实施

　　通过以上分析,管理员决定在网络中使用 OSPF 来达到目标。具体实施过程如下。

　　(1) 连接 PC、交换机和路由器。

（2）在 PC、交换机和路由器上配置相应的 IP 地址及 VLAN。

（3）在交换机和路由器上配置 OSPF 路由协议。

（4）查看 OSPF 路由协议相关表项。

9.6.1　连接 PC、交换机和路由器

根据表 9-2 所示，对图 9-1 所示网络中的 PC、交换机和路由器进行连接。

表 9-2　设备连接表

源设备名称	设 备 接 口	目标设备名称	设 备 接 口
SW1	GE1/0/1	PC1	—
SW1	GE1/0/2	PC2	—
SW1	GE1/0/48	RT1	GE0/0
RT1	GE0/1	RT2	GE0/1
RT2	GE0/0	PC3	—

检查设备的软件版本及配置信息，确保各设备软件版本符合要求，所有配置为初始状态。如果配置不符合要求，则可在用户模式下擦除设备中的配置文件，然后重启设备以使系统采用默认的配置参数进行初始化。

以上步骤可能会用到以下命令。

```
<H3C> display version
<H3C> reset saved-configuration
<H3C> reboot
```

9.6.2　在 PC、交换机和路由器上配置相应的 IP 地址及 VLAN

PC 的 IP 地址规划如表 9-3 所示。

表 9-3　PC 的 IP 地址规划表

设 备 名 称	IP 地址/掩码	网 关 地 址
PC1	192.168.1.1/24	192.168.1.254
PC2	192.168.2.1/24	192.168.2.254
PC3	192.168.3.1/24	192.168.3.254

交换机的 VLAN 规划如表 9-4 所示。

表 9-4　交换机的 VLAN 规划表

设 备 名 称	所属 VLAN	设 备 接 口	接 口 类 型
SW1	VLAN10	GE1/0/1	Access
SW1	VLAN20	GE1/0/2	Access
SW1	VLAN30	GE1/0/48	Access

路由器和交换机的 IP 地址规划如表 9-5 所示。

表 9-5 路由器和交换机 IP 地址规划表

源设备名称	设 备 接 口	接口 IP 地址	目标设备名称	设备接口	接口 IP 地址
SW1	Vlan-interface30	10.1.1.1	RT1	GE0/0	10.1.1.2
SW1	Vlan-interface10	192.168.1.254	PC1	—	192.168.1.1
SW1	Vlan-interface20	192.168.2.254	PC2	—	192.168.2.1
RT1	GE0/1	202.1.1.1	RT2	GE0/1	202.1.1.2

根据上述规划,在网络设备上配置 VLAN 和 IP 地址。

配置 SW1:

```
[H3C]sysname SW1
[SW1]vlan 10
[SW1 - vlan10]vlan 20
[SW1 - vlan20]vlan 30
[SW1]interface vlan 10
[SW1 - Vlan - interface10]ip address 192.168.1.254 24
[SW1 - Vlan - interface10]interface vlan 20
[SW1 - Vlan - interface20]ip address 192.168.2.254 24
[SW1 - Vlan - interface20]interface vlan 30
[SW1 - Vlan - interface30]ip address 10.1.1.1 24
[SW1 - Vlan - interface30]interface GigabitEthernet 1/0/1
[SW1 - GigabitEthernet1/0/1]port access vlan 10
[SW1 - GigabitEthernet1/0/1]interface GigabitEthernet 1/0/2
[SW1 - GigabitEthernet1/0/2]port access vlan 20
[SW1 - GigabitEthernet1/0/2]interface GigabitEthernet 1/0/48
[SW1 - GigabitEthernet1/0/48]port access vlan 30
```

配置 RT1:

```
[H3C]sysname RT1
[RT1]interface GigabitEthernet 0/0
[RT1 - GigabitEthernet0/0]ip address 10.1.1.2 24
[RT1]interface GigabitEthernet 0/1
[RT1 - GigabitEthernet0/1]ip address 202.1.1.1 24
```

配置 RT2:

```
[H3C]sysname RT2
[RT2]interface GigabitEthernet 0/0
[RT2 - GigabitEthernet0/0]ip address 192.168.3.254 24
[RT2]interface GigabitEthernet 0/1
[RT2 - GigabitEthernet0/1]ip address 202.1.1.2 24
```

配置完成后,从 PC1 对 PC2 进行 ping 操作发现可以互通,显示结果如下:

```
<H3C>ping 192.168.2.1

Ping 192.168.2.1 (192.168.2.1): 56 data bytes, press CTRL_C to break
56 bytes from 192.168.2.1: icmp_seq = 0 ttl = 254 time = 1.000 ms
56 bytes from 192.168.2.1: icmp_seq = 1 ttl = 254 time = 3.000 ms
```

```
56 bytes from 192.168.2.1: icmp_seq = 2 ttl = 254 time = 4.000 ms
56 bytes from 192.168.2.1: icmp_seq = 3 ttl = 254 time = 1.000 ms
56 bytes from 192.168.2.1: icmp_seq = 4 ttl = 254 time = 3.000 ms


--- Ping statistics for 192.168.2.1 ---
5 packet(s) transmitted, 5 packet(s) received, 0.0 % packet loss
round - trip min/avg/max/std - dev = 1.000/2.400/4.000/1.200 ms
```

再从 PC1 对 PC3 进行 ping 操作并观察，显示结果如下：

```
< H3C > ping 192.168.3.1

Ping 192.168.3.1 (192.168.3.1): 56 data bytes, press CTRL_C to break
Request time out
Request time out
Request time out
Request time out
Request time out


--- Ping statistics for 192.168.3.1 ---
5 packet(s) transmitted, 0 packet(s) received, 100.0 % packet loss
```

使用 display ip routing-table 命令查看一下 SW1 上的路由表。

```
[SW1]display ip routing - table

Destinations : 20    Routes : 20
```

Destination/Mask	Proto	Pre	Cost	NextHop	Interface
0.0.0.0/32	Direct	0	0	127.0.0.1	InLoop0
10.1.1.0/24	Direct	0	0	10.1.1.1	Vlan30
10.1.1.0/32	Direct	0	0	10.1.1.1	Vlan30
10.1.1.1/32	Direct	0	0	127.0.0.1	InLoop0
10.1.1.255/32	Direct	0	0	10.1.1.1	Vlan30
127.0.0.0/8	Direct	0	0	127.0.0.1	InLoop0
127.0.0.0/32	Direct	0	0	127.0.0.1	InLoop0
127.0.0.1/32	Direct	0	0	127.0.0.1	InLoop0
127.255.255.255/32	Direct	0	0	127.0.0.1	InLoop0
192.168.1.0/24	**Direct**	0	0	192.168.1.254	Vlan10
192.168.1.0/32	Direct	0	0	192.168.1.254	Vlan10
192.168.1.254/32	Direct	0	0	127.0.0.1	InLoop0
192.168.1.255/32	Direct	0	0	192.168.1.254	Vlan10
192.168.2.0/24	**Direct**	0	0	192.168.2.254	Vlan20
192.168.2.0/32	Direct	0	0	192.168.2.254	Vlan20
192.168.2.254/32	Direct	0	0	127.0.0.1	InLoop0
192.168.2.255/32	Direct	0	0	192.168.2.254	Vlan20
224.0.0.0/4	Direct	0	0	0.0.0.0	NULL0
224.0.0.0/24	Direct	0	0	0.0.0.0	NULL0
255.255.255.255/32	Direct	0	0	127.0.0.1	InLoop0

从上述 SW1 的 IP 路由表中可以看到，只有 PC1 与 PC2 所在网段（192.168.1.0/24 和 192.168.2.0/24）的直连路由，而并没有 PC3 所在的网段（192.168.3.0/24）的路由。

9.6.3 在交换机和路由器上配置 OSPF 路由协议

在配置 OSPF 的时候,需要先在每台三层设备上都配置 Router-ID。

```
[RT1]router id 1.1.1.1
[RT2]router id 2.2.2.2
[SW1]router id 3.3.3.3
```

Router-ID

OSPF 协议使用 Router ID 来唯一标识一台路由器。Router ID 是 32 位无符号整数,使用点分十进制来表示,和 IP 地址相同。

配置 OSPF 时,建议手工配置 Router ID。如果没有手工配置 Router ID,那么 OSPF 会自动从 UP 接口中选择一个 IP 地址作为路由器的 Router ID。

接下来在系统视图下启动 OSPF 协议并进入 OSPF 视图,然后在 OSPF 视图下建立区域 0 并进入区域视图。

```
[RT1]ospf
[RT1-ospf-1]area 0

[RT2]ospf
[RT2-ospf-1]area 0

[SW1]ospf
[SW1-ospf-1]area 0
```

区域

区域(area)是 OSPF 协议中一个非常重要的概念。OSPF 将一个较大的网络分割为若干个较小的区域,以便管理。OSPF 将路由信息的泛洪局限在一个区域之内,在区域之间还可以通过聚合等方式来减少交换的路由信息的数量,以节省系统资源。

在本书中我们仅讨论单区域的情况,此时我们需要创建一个骨干区域 0。

接着我们可以在区域视图下加入属于该区域的接口网段。

```
[RT1-ospf-1-area-0.0.0.0]network 10.1.1.0 0.0.0.255
[RT1-ospf-1-area-0.0.0.0]network 202.1.1.0 0.0.0.255
[RT2-ospf-1-area-0.0.0.0]network 202.1.1.0 0.0.0.255
[RT2-ospf-1-area-0.0.0.0]network 192.168.3.0 0.0.0.255
[SW1-ospf-1-area-0.0.0.0]network 10.1.1.0 0.0.0.255
[SW1-ospf-1-area-0.0.0.0]network 192.168.1.0 0.0.0.255
[SW1-ospf-1-area-0.0.0.0]network 192.168.2.0 0.0.0.255
```

反掩码

在上面的配置中,如 network 10.1.1.0 0.0.0.255,10.1.1.0 是网段的前缀,而 0.0.0.255 是反掩码,也称为通配符。

反掩码的作用和子网掩码很相似,用来表示网络的范围。

例如,对于 192.168.0.1/22 网段,用子网掩码表示为 192.168.0.1 255.255.252.0,而用反掩码则表示为 192.168.0.1 0.0.3.255。

配置完成后,从 PC1 对 PC3 进行 ping 操作发现可以互通了,显示结果如下:

```
< H3C > ping 192.168.3.1

Ping 192.168.3.1 (192.168.3.1): 56 data bytes, press CTRL_C to break
56 bytes from 192.168.3.1: icmp_seq = 0 ttl = 252 time = 5.000 ms
56 bytes from 192.168.3.1: icmp_seq = 1 ttl = 252 time = 3.000 ms
56 bytes from 192.168.3.1: icmp_seq = 2 ttl = 252 time = 9.000 ms
56 bytes from 192.168.3.1: icmp_seq = 3 ttl = 252 time = 3.000 ms
56 bytes from 192.168.3.1: icmp_seq = 4 ttl = 252 time = 4.000 ms

--- Ping statistics for 192.168.3.1 ---
5 packet(s) transmitted, 5 packet(s) received, 0.0 % packet loss
round - trip min/avg/max/std - dev = 3.000/4.800/9.000/2.227 ms
```

说明配置的 OSPF 动态路由已经生效了。

9.6.4 查看 OSPF 路由协议相关表项

在 OSPF 协议中,计算路由的第一步是必须和网络中其他运行 OSPF 的路由器(交换机)建立邻居关系以交换链路状态信息。

所以,完成上述配置之后,我们可以先来看看 OSPF 的邻居关系。

以 RT1 为例:

```
< RT1 > display ospf peer verbose

OSPF Process 1 with Router ID 1.1.1.1
            Neighbors

Area 0.0.0.0 interface 10.1.1.2(GigabitEthernet0/0)'s neighbors
Router ID: 3.3.3.3        Address: 10.1.1.1        GR State: Normal
  State: Full Mode: Nbr is master Priority: 1
  DR: 10.1.1.2 BDR: 10.1.1.1 MTU: 0
  Options is 0x42 ( - |O| - | - | - | - |E| - )
  Dead timer due in 30 sec
  Neighbor is up for 00:09:04
  Authentication Sequence: [ 0 ]
  Neighbor state change count: 5
  BFD status: Disabled

Area 0.0.0.0 interface 202.1.1.1(GigabitEthernet0/1)'s neighbors
Router ID: 2.2.2.2        Address: 202.1.1.2        GR State: Normal
  State: Full Mode: Nbr is master Priority: 1
  DR: 202.1.1.2 BDR: 202.1.1.1 MTU: 0
  Options is 0x42 ( - |O| - | - | - | - |E| - )
  Dead timer due in 36 sec
  Neighbor is up for 00:02:25
  Authentication Sequence: [ 0 ]
```

```
Neighbor state change count: 6
BFD status: Disabled
```

从上面的信息可以看出,RT1 的 Router ID 为 1.1.1.1,RT1 在区域 0 中找到了两个 OSPF 邻居:RT2(Router ID:2.2.2.2,Address:202.1.1.2)和 SW1(Router ID:3.3.3.3, Address:10.1.1.1)。且两个邻居的状态都达到了 FULL 状态,表示 OSPF 邻居关系已经建立完毕,且已经成功交换了链路状态信息。

下面我们再来看看相应的路由表信息。

```
< RT1 > display ip routing - table
```

```
Destinations : 16      Routes : 16
```

Destination/Mask	Proto	Pre	Cost	NextHop	Interface
0.0.0.0/32	Direct	0	0	127.0.0.1	InLoop0
10.1.1.0/24	Direct	0	0	10.1.1.2	GE0/0
10.1.1.2/32	Direct	0	0	127.0.0.1	InLoop0
10.1.1.255/32	Direct	0	0	10.1.1.2	GE0/0
127.0.0.0/8	Direct	0	0	127.0.0.1	InLoop0
127.0.0.1/32	Direct	0	0	127.0.0.1	InLoop0
127.255.255.255/32	Direct	0	0	127.0.0.1	InLoop0
192.168.1.0/24	**O_INTRA**	**10**	**2**	**10.1.1.1**	**GE0/0**
192.168.2.0/24	**O_INTRA**	**10**	**2**	**10.1.1.1**	**GE0/0**
192.168.3.0/24	**O_INTRA**	**10**	**2**	**202.1.1.2**	**GE0/1**
202.1.1.0/24	Direct	0	0	202.1.1.1	GE0/1
202.1.1.1/32	Direct	0	0	127.0.0.1	InLoop0
202.1.1.255/32	Direct	0	0	202.1.1.1	GE0/1
224.0.0.0/4	Direct	0	0	0.0.0.0	NULL0
224.0.0.0/24	Direct	0	0	0.0.0.0	NULL0
255.255.255.255/32	Direct	0	0	127.0.0.1	InLoop0

从上面的信息中可以看出,在 RT1 上已经计算出了相应的 OSPF 路由,并把这些 OSPF 路由加到了路由表中。在 RT2 和 SW1 上查看路由表也会看到相应的 OSPF 路由信息。

现在从总部局域网中的 PC1 和 PC2 应该可以 ping 通分支机构网络中的 PC3 了。

9.7 项目常见问题

在本项目实施中,容易产生以下常见问题。

(1) 在 9.6.4 小节中,查看 OSPF 邻居表,没有邻居信息。

(2) 在 9.6.4 小节中,查看路由表,并没有相关路由表项。

如果遇到上述问题,则解决办法如下。

(1) OSPF 的邻居建立依赖于 IP 的连通。所以,首先在设备上查看 IP 的配置是否正确,相邻设备间是否能够 ping 通;其次查看 OSPF 配置是否正确。

(2) OSPF 邻居建立后,需要通过 network 命令将相关网段发布到 OSPF 中。所以当邻居建立后,但并没有 IP 路由信息,则需要检查 network 命令是否正确,特别是当中的反掩码配置是否正确。

9.8　项目评价

项目评价如表9-6所示。

表 9-6　项目评价表

班级＿＿＿＿＿＿＿＿＿＿＿＿　　　　指导教师＿＿＿＿＿＿＿＿＿＿＿

小组＿＿＿＿＿＿＿＿＿＿＿＿　　　　日　　期＿＿＿＿＿＿＿＿＿＿＿

姓名＿＿＿＿＿＿＿＿＿＿＿＿

评价项目	评价标准	评价依据	评价方式			权重	得分
			学生自评	小组互评	教师评价		
职业素养	(1) 遵守企业规章制度和劳动纪律 (2) 按时按质完成工作 (3) 积极主动承担工作任务,勤学好问 (4) 人身安全与设备安全 (5) 工作岗位 6S 完成情况	(1) 出勤 (2) 工作态度 (3) 劳动纪律 (4) 团队协作精神				0.3	
专业能力	(1) 了解 STP 的基本工作原理 (2) 掌握以太网交换机和路由器上 OSPF 协议的配置方法 (3) 通过配置 OSPF 协议来解决非直连网络互通问题	(1) 操作的准确性和规范性 (2) 项目技术总结完成情况 (3) 专业技能任务完成情况				0.5	
创新能力	(1) 在任务完成过程中能提出自己的有一定见解的方案 (2) 在教学或生产管理上提出建议,具有创新性	(1) 方案的可行性及意义 (2) 建议的可行性				0.2	
合计							

9.9　项目总结

本项目涉及以下内容。

(1) OSPF 协议是一种动态路由协议。

(2) 相对于 RIP 协议,没有 15 跳的局限性,适用于中、大型组网。

(3) OSPF 收敛速度快,并且没有路由环路存在。

项目总结(含技术总结、实施中的问题与对策、建议等):

9.10 项目拓展

在上述项目中,使用了两台路由器和一台三层交换机来完成网络构建。如果在 RT2 和 PC3 之间增加一台三层交换机,其中 RT2 和 SW2 互联网段为 20.1.1.0/24,PC3 的网关变更到 SW2 上,那么实施上有什么不同?请按照如图 8-3 所示项目规格进行项目的拓展。

拓展项目中涉及的设备及器材如表 8-7 所示。

拓展项目要求如下。

(1) 配置 OSPF 以达成网络互通。

(2) OSPF 的区域 ID 为 0。

(3) VLAN 和 IP 地址可自由规划。

用ACL实现包过滤

通过本项目的实施,应具备以下能力。

- 了解 ACL 实现包过滤的基本工作原理和用途;
- 掌握三层以太网交换机和路由器上的 ACL 配置方法。

10.1　项目简介

随着公司规模的不断扩大,公司对于安全性的需求也愈发强烈,包括公司内网访问外网安全性的需求,公司内网各部门间互访的安全性需求,总部与分支间互访的安全性需求等。

使用 ACL 实现包过滤技术可以满足上述需求。

10.2　项目任务和要求

1. 项目任务

(1) 了解 ACL 包过滤技术的基础知识。

(2) 掌握 ACL 的基本配置。

(3) 掌握在交换机及路由器上如何应用 ACL 实现包过滤。

2. 项目完成时间

2 小时。

3. 项目质量要求

(1) 内网用户部门间进行隔离,各部门间不能互访(分属不同部门的用户 PC 间不能互通)。

(2) 内网用户都可以访问公司的共享服务器。

(3) 分支机构的用户只可以访问公司的共享服务器,不能与总部其他部门互访。

4. 安全与文明(6S)

项目实施时应注意安全与文明(6S)规范,包括但不限于以下规范。

(1) 设备、模块、线缆应按类分别摆放整齐。

(2) 所使用的耗材、线头等不要随意丢弃。

(3) 接触设备、模块等电子设备时要穿戴防静电服或防静电手腕带。

(4) 非项目要求,不随意关机断电重启。

(5) 工作成果(配置文件)注意随时保存。

(6) 如果设备上有模块,则不在开机状态下进行拔插操作。

(7) 保持现场干净整洁,及时清理。

10.3　项目设备及器材

本项目所需的设备及器材如表 10-1 所示。

表 10-1　设备及器材

名称和型号	版　本	数量	描　述
MSR36-20	Version 7.1	2	—
S5820V2-54QS-GE	Version 7.1	3	—
第 5 类 UTP 以太网连接线	—	8	—

10.4　项目背景

随着公司的不断壮大,公司内新部门及新外地分支机构不断增加,各部门出于安全性的考虑,需要与其他部门间进行业务隔离,同时公司需要部署一批价格昂贵,但是使用率不高的软件工具,供公司内所有员工共同使用,同时也可以存放一些公司内部公开文档。

图 10-1 所示为公司目前实际组网,目前各部门间未作任何过滤控制,市场部门和服务部门的员工间可以随意互通交换各自的业务数据,分支与总部租借运营商的专线互联,分支员工可以通过该线路访问总部内网。在核心交换机 SW1 上新部署了一台公用服务器,用来安装专业软件及存放内部公开文档。

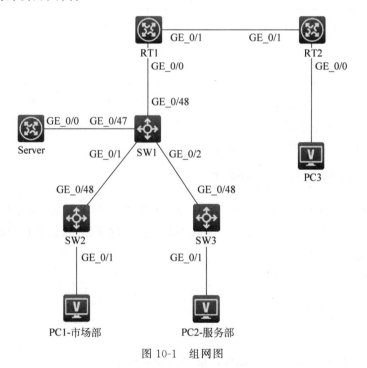

图 10-1　组网图

现公司领导提出各业务部门间进行业务隔离,不能随意互访,但允许总部部门可以访问公司新部署的内网服务器;同时对于分支机构也进行了严格限制,分支机构的用户只可以访问公司总部新部署的内网服务器,但不能 ping 通公司总部的任何 IP 地址。

10.5　项目分析

早期的开放式访问方式由于保密性不强等原因,已经无法满足公司发展的要求,单纯地将不同部门进行隔离又无法满足公司内用户使用同一网关设备访问外网的需求,而 VLAN 划分只能在二层进行广播隔离,不同部门仍可以通过网关设备实现互访。

为了解决这一问题,公司决定使用 ACL 包过滤技术来进行部门间的隔离,并对分支机构访问公司总部内网进行限制。基本设计思路是,在汇聚层的交换机(部门网关设备)上统一设置 ACL 包过滤进行部门间的访问控制,在公司的公网网关路由器上设置 ACL 包过滤限制分支机构对于公司内部的访问。

ACL 包过滤技术是防火墙技术的一种。

ACL 包过滤技术

对于报文的访问控制技术一般被称为防火墙技术。实施防火墙技术的目的是保护内部网络免遭非法数据包的侵害。正如防火墙这一词语本身所显示的那样,防火墙一般部署于一个网络的边缘,用于控制进入网络的数据包的种类。

ACL 包过滤技术的配置包括两个内容,一是定义对特定数据流的访问控制规则,即定义访问控制列表 ACL;二是定义将特定的规则应用到具体的接口上,从而过滤特定方向的数据流。

ACL(access control list,访问控制列表)是一条或多条规则的集合,用于识别报文流。

10.6　项目实施

项目具体实施流程如下。
(1) 网络基本功能部署。
(2) 公司部门间访问控制策略部署。
(3) 公司内网用户访问控制策略部署。
(4) 分支机构用户访问控制策略部署。

10.6.1　网络基本功能部署

检查设备的软件版本及配置信息,确保各设备软件版本符合要求,所有配置为初始状态。如果配置不符合要求,则可在用户模式下擦除设备中的配置文件,然后重启设备以使系统采用默认的配置参数进行初始化。

以上步骤可能会用到以下命令。

```
<H3C> display version
<H3C> reset saved-configuration
<H3C> reboot
```

如表 10-2 所示,对图 10-1 所示网络中的设备进行连接。

目前规划了 VLAN10 和 VLAN20 作为公司内不同部门的 VLAN,使用 VLAN99 连接公司服务器网段;公司总部内网业务部门及服务器网关都配置在设备 SW1 上,SW2 和 SW3 设备只负责内网用户的二层接入;SW1 设备使用 Vlan-interface2 与上行的 RT1 设备互联。

表 10-2　设备连接表

源设备名称	设备接口	目标设备名称	设备接口
SW1	GE1/0/47	Server(路由器替代)	GE0/0
SW1	GE1/0/48	RT1	GE0/0
SW1	GE1/0/1	SW2	GE1/0/48
SW1	GE1/0/2	SW3	GE1/0/48
SW2	GE1/0/1	PC1	—
SW3	GE1/0/1	PC2	—
RT1	GE0/1	RT2	GE0/1
RT2	GE0/0	PC3	—

各设备及 PC 所规划的 IP 地址如表 10-3 所示。

表 10-3　IP 地址表

设备名称	设备接口	IP 地址
SW1	Vlan-interface10	10.1.10.254/24
SW1	Vlan-interface20	10.1.20.254/24
SW1	Vlan-interface99	10.1.99.254/24
SW1	Vlan-interface2	10.1.2.2/30
RT1	GE0/0	10.1.2.1/30
RT1	GE0/1	60.1.1.1/30
RT2	GE0/1	60.1.1.2/30
RT2	GE0/0	192.168.1.254/24
PC1	—	10.1.10.1/24
PC2	—	10.1.20.1/24
PC3	—	192.168.1.1/24
Server	GE0/0	10.1.99.1/24

根据上述规划,在各设备上进行基本配置。

配置 RT1:

```
<H3C> system-view
[H3C]sysname RT1
[RT1]interface GigabitEthernet 0/0
[RT1-GigabitEthernet0/0]ip address 10.1.2.1 30
[RT1-GigabitEthernet0/0]interface GigabitEthernet 0/1
[RT1-GigabitEthernet0/1]ip address 60.1.1.1 30
[RT1-GigabitEthernet0/1]quit
[RT1]ip route-static 0.0.0.0 0 60.1.1.2
[RT1]ip route-static 10.1.0.0 16 10.1.2.2
```

配置 RT2:

```
<H3C> system-view
[H3C]sysname RT2
[RT2]interface GigabitEthernet 0/0
[RT2-GigabitEthernet0/0]ip address 192.168.1.254 24
[RT2-GigabitEthernet0/0]interface GigabitEthernet 0/1
```

[RT2 – GigabitEthernet0/1]ip address 60.1.1.2 30
[RT2 – GigabitEthernet0/1]quit
[RT2]ip route – static 10.1.0.0 16 60.1.1.1

配置 SW1：

< H3C > system – view
[H3C]sysname SW1
[SW1]vlan 2
[SW1 – vlan2]port GigabitEthernet 1/0/48
[SW1 – vlan2]vlan 99
[SW1 – vlan99]port GigabitEthernet 1/0/47
[SW1 – vlan99]vlan 10
[SW1 – vlan10]vlan 20
[SW1 – vlan20]quit
[SW1]interface GigabitEthernet 1/0/1
[SW1 – GigabitEthernet1/0/1]port link – type trunk
[SW1 – GigabitEthernet1/0/1]undo port trunk permit vlan 1
[SW1 – GigabitEthernet1/0/1]port trunk permit vlan 10 20
[SW1 – GigabitEthernet1/0/1]interface GigabitEthernet 1/0/2
[SW1 – GigabitEthernet1/0/2]port link – type trunk
[SW1 – GigabitEthernet1/0/2]undo port trunk permit vlan 1
[SW1 – GigabitEthernet1/0/2]port trunk permit vlan 10 20
[SW1 – GigabitEthernet1/0/2]quit
[SW1]interface vlan 2
[SW1 – Vlan – interface2]ip address 10.1.2.2 30
[SW1 – Vlan – interface2]interface Vlan – interface 99
[SW1 – Vlan – interface99]ip address 10.1.99.254 24
[SW1 – Vlan – interface99]interface Vlan – interface 10
[SW1 – Vlan – interface10]ip address 10.1.10.254 24
[SW1 – Vlan – interface10]interface Vlan – interface 20
[SW1 – Vlan – interface20]ip address 10.1.20.254 24
[SW1 – Vlan – interface20]quit
[SW1]ip route – static 0.0.0.0 0 10.1.2.1
[SW1]ip route – static 10.1.0.0 16 NULL 0

配置 SW2：

< H3C > system – view
[H3C]sysname SW2
[SW2]vlan 10
[SW2 – vlan10]port GigabitEthernet 1/0/1
[SW2 – vlan10]vlan 20
[SW2 – vlan20] interface GigabitEthernet 1/0/48
[SW2 – GigabitEthernet1/0/48]port link – type trunk
[SW2 – GigabitEthernet1/0/48]undo port trunk permit vlan 1
[SW2 – GigabitEthernet1/0/48]port trunk permit vlan 10 20
[SW2 – GigabitEthernet1/0/48]quit

配置 SW3：

< H3C > system – view
[H3C]sysname SW3

```
[SW3]vlan 10
[SW3 - vlan10]vlan 20
[SW3 - vlan20]port GigabitEthernet 1/0/1
[SW3 - vlan20]interface GigabitEthernet 1/0/48
[SW3 - GigabitEthernet1/0/48]port link - type trunk
[SW3 - GigabitEthernet1/0/48]undo port trunk permit vlan 1
[SW3 - GigabitEthernet1/0/48]port trunk permit vlan 10 20
[SW3 - GigabitEthernet1/0/48]quit
```

在本实验中为了方便后面实验的测试效果,用 1 台路由器代表 Server,该路由器的配置如下所示。

(1) 配置服务器 IP 地址及默认路由,确保内网用户可以访问服务器。

```
< H3C > system - view
[H3C]sysname Server
[Server]interface GigabitEthernet 0/0
[Server - GigabitEthernet0/0]ip address 10.1.99.1 24
[Server - GigabitEthernet0/0]quit
[Server]ip route - static 0.0.0.0 0 10.1.99.254
```

(2) 服务器 telnet 配置,为了测试方便,本实验中不设置登录密码。

```
[Server]telnet server enable
[Server]line vty 0 63
[server - line - vty0 - 63]authentication - mode none
```

配置完成后,在 PC1 上分别执行命令 ping 10.1.20.1、ping 10.1.99.1、ping 192.168.1.1,出现以下所示结果。

```
< H3C > ping 10.1.20.1

Ping 10.1.20.1 (10.1.20.1): 56 data bytes, press CTRL_C to break
56 bytes from 10.1.20.1: icmp_seq = 0 ttl = 254 time = 5.000 ms
56 bytes from 10.1.20.1: icmp_seq = 1 ttl = 254 time = 4.000 ms
56 bytes from 10.1.20.1: icmp_seq = 2 ttl = 254 time = 6.000 ms
56 bytes from 10.1.20.1: icmp_seq = 3 ttl = 254 time = 6.000 ms
56 bytes from 10.1.20.1: icmp_seq = 4 ttl = 254 time = 5.000 ms

--- Ping statistics for 10.1.20.1 ---
5 packet(s) transmitted, 5 packet(s) received, 0.0 % packet loss
round - trip min/avg/max/std - dev = 4.000/5.200/6.000/0.748 ms


< H3C > ping 10.1.99.1

Ping 10.1.99.1 (10.1.99.1): 56 data bytes, press CTRL_C to break
56 bytes from 10.1.99.1: icmp_seq = 0 ttl = 254 time = 3.000 ms
56 bytes from 10.1.99.1: icmp_seq = 1 ttl = 254 time = 3.000 ms
56 bytes from 10.1.99.1: icmp_seq = 2 ttl = 254 time = 2.000 ms
56 bytes from 10.1.99.1: icmp_seq = 3 ttl = 254 time = 3.000 ms
56 bytes from 10.1.99.1: icmp_seq = 4 ttl = 254 time = 3.000 ms

--- Ping statistics for 10.1.99.1 ---
```

```
5 packet(s) transmitted, 5 packet(s) received, 0.0% packet loss
round-trip min/avg/max/std-dev = 2.000/2.800/3.000/0.400 ms


<H3C>ping 192.168.1.1

Ping 192.168.1.1 (192.168.1.1): 56 data bytes, press CTRL_C to break
56 bytes from 192.168.1.1: icmp_seq=0 ttl=252 time=4.000 ms
56 bytes from 192.168.1.1: icmp_seq=1 ttl=252 time=7.000 ms
56 bytes from 192.168.1.1: icmp_seq=2 ttl=252 time=7.000 ms
56 bytes from 192.168.1.1: icmp_seq=3 ttl=252 time=8.000 ms
56 bytes from 192.168.1.1: icmp_seq=4 ttl=252 time=7.000 ms

--- Ping statistics for 192.168.1.1 ---
5 packet(s) transmitted, 5 packet(s) received, 0.0% packet loss
round-trip min/avg/max/std-dev = 4.000/6.600/8.000/1.356 ms
```

从结果可以看出，PC1可以正常ping通PC2、Server、PC3，即总部各部门间以及总部部门和分支机构人员均可以正常互访，不受任何限制。

10.6.2　公司部门间访问控制策略部署

从网络拓扑和规划中得知，部门间所有的报文都通过SW1进行转发，所以应该在SW1上进行相关ACL包过滤配置，将不需要的数据报文阻断，而仅允许需要的报文通过。

那么如何识别哪些报文是需要的报文呢？换句话说，如何把部门间的数据报文给界定出来呢？答案就是使用ACL中的规则来定义。

ACL规则

ACL是一或多条规则的集合，用于识别报文流。这里的规则是指描述报文匹配条件的判断语句，匹配条件可以是报文的源地址、目的地址、端口号等。

通过ACL中的规则，就可以清晰地定义出部门间的数据报文。然后，再结合包过滤技术，就可以将这些报文进行过滤，从而能够限制部门间的互访。

配置ACL实现包过滤时，需要首先配置ACL，通过规则确定哪些报文需要被过滤；然后再在设备端口上下发ACL，以使包过滤生效。

在SW1配置高级ACL，以匹配总部部门间互访的报文。相关命令与解释如下所示。

（1）创建序列号为3000的ACL。

`[SW1]acl advanced 3000`

（2）创建规则0，允许源地址为10.1.0.0/16、目的地址为10.1.99.0/24的报文通过。

`[SW1-acl-ipv4-adv-3000]rule 0 permit ip source 10.1.0.0 0.0.255.255 destination 10.1.99.0 0.0.0.255`

（3）创建规则5，禁止源地址为10.1.0.0/16的报文通过。

`[SW1-acl-ipv4-adv-3000]rule 5 deny ip source 10.1.0.0 0.0.255.255`

（4）在接口Vlan-interface10和Vlan-interface20下发ACL 3000，对进入这两个接口的报文进行过滤。

```
[SW1]interface vlan 10
[SW1 - Vlan - interface10]packet - filter 3000 inbound
[SW1 - Vlan - interface10]interface vlan 20
[SW1 - Vlan - interface20]packet - filter 3000 inbound
```

小贴士

此处很多人会认为应该在 SW1 的 GE1/0/1 和 GE1/0/2 端口上下发 ACL 3000,但是 SW1 的 GE1/0/1 和 GE1/0/2 是 Trunk 端口,在这两个端口上 PC1 和 PC2 的数据包是通过二层直接转发的,在这两个端口设置 ACL 并不能实现对数据包的过滤。事实上 PC1 和 PC2 的三层转发是通过 Vlan-interface10 和 Vlan-interface20 两个端口进行的,因此需要在两个 VLAN 端口上配置 ACL 策略。

配置完成后在 PC1 上测试 ping PC2、PC3、Server 地址,显示结果如下所示。

```
C:\Users\H3C > ping 192.168.1.1

Ping 192.168.1.1 (192.168.1.1): 56 data bytes, press CTRL_C to break
Request time out
Request time out
Request time out
Request time out
Request time out

--- Ping statistics for 192.168.1.1 ---
5 packet(s) transmitted, 0 packet(s) received, 100.0% packet loss

C:\Users\H3C > ping 10.1.20.1

Ping 10.1.20.1 (10.1.20.1): 56 data bytes, press CTRL_C to break
Request time out
Request time out
Request time out
Request time out
Request time out

--- Ping statistics for 10.1.20.1 ---
5 packet(s) transmitted, 0 packet(s) received, 100.0% packet loss

C:\Users\H3C > ping 10.1.99.1

Ping 10.1.99.1 (10.1.99.1): 56 data bytes, press CTRL_C to break
56 bytes from 10.1.99.1: icmp_seq = 0 ttl = 254 time = 3.000 ms
56 bytes from 10.1.99.1: icmp_seq = 1 ttl = 254 time = 3.000 ms
56 bytes from 10.1.99.1: icmp_seq = 2 ttl = 254 time = 3.000 ms
56 bytes from 10.1.99.1: icmp_seq = 3 ttl = 254 time = 3.000 ms
56 bytes from 10.1.99.1: icmp_seq = 4 ttl = 254 time = 3.000 ms

--- Ping statistics for 10.1.99.1 ---
5 packet(s) transmitted, 5 packet(s) received, 0.0% packet loss
round - trip min/avg/max/std - dev = 3.000/3.000/3.000/0.000 ms
```

通过结果可以看出 PC1 不可以 ping 通 PC2 和 PC3 了,但还可以 ping 通 Server。

访问控制列表分类

常用的访问控制列表可以分为基本访问控制列表和高级访问控制列表两种。基本访问控制列表仅仅可以根据 IP 报文的源地址域区分不同的数据流,高级访问控制列表则可以根据 IP 报文中的更多域(如目的 IP 地址、上层协议信息等)来区分不同的数据流。

所有访问控制列表都有一个编号,基本访问控制列表和高级访问控制列表按照这个编号区分,基本访问控制列表编号范围为 2000～2999,高级访问控制列表编号范围为 3000～3999。

10.6.3　公司内网用户访问控制策略部署

在汇聚层交换机 SW1 上配置 ACL 3001,来限制内网用户只能访问公司内网服务器的共享资源,但不可以 ping 通该服务器的 IP。相关命令与解释如下所示。

(1) 创建序列号为 3001 的 ACL。

```
[SW1]acl advanced 3001
```

(2) 创建规则 0,仅允许目的地址为 10.1.99.1 的 TCP 报文(telnet 端口号为 23)能够通过。

```
[SW1-acl-adv-3001]rule 0 permit tcp destination 10.1.99.1 0 destination-port eq telnet
```

(3) 创建规则 5,禁止目的地址为 10.1.99.1 的 ICMP 协议报文(ping 报文)通过。

```
[SW1-acl-adv-3001]rule 5 deny icmp destination 10.1.99.1 0
```

(4) 创建规则 10,禁止目的地址为 10.1.99.1 的任何报文通过。

```
[SW1-acl-adv-3001]rule 10 deny ip destination 10.1.99.1 0
```

(5) 在 Vlan-interface99(连接 Server 端口)接口处方向下发 ACL 3001。

```
[SW1]interface vlan 99
[SW1-Vlan-interface99]packet-filter 3001 outbound
```

在 PC1 上执行 ping 10.1.99.1 和 telnet 10.1.99.1 命令,验证一下访问控制列表的效果。

```
<H3C> ping 10.1.99.1

Ping 10.1.99.1 (10.1.99.1): 56 data bytes, press CTRL_C to break
Request time out
Request time out
Request time out
Request time out
Request time out

--- Ping statistics for 10.1.99.1 ---
5 packet(s) transmitted, 0 packet(s) received, 100.0% packet loss


<H3C> telnet 10.1.99.1
Trying 10.1.99.1 ...
```

```
Press CTRL + K to abort
Connected to 10.1.99.1 ...


********************************************************************
*
* Copyright (c) 2004 - 2021 New H3C Technologies Co., Ltd. All rights reserved. *
* Without the owner's prior written consent,                       *
* no decompiling or reverse - engineering shall be allowed.        *
********************************************************************
*

< server >
```

从测试结果可以看出,PC1 已经无法 ping 通服务器 IP 了,但是远程登录还是可以的。

10.6.4　分支机构用户访问控制策略部署

因分支机构与总部间的所有数据报文都需要通过公司公网网关路由器 RT1 转发,所以需要在 RT1 上部署访问控制策略。

在 RT1 上配置 ACL 3000 并启用包过滤,使指定分支机构用户只能访问公司内网的共享服务器,但不能 ping 通公司总部的任何 IP 地址。相关命令与解释如下所示。

(1) 在 RT1 上开启防火墙功能。

```
< RT1 > system - view
[RT1]firewall enable
```

(2) 创建序列号为 3000 的 ACL。

```
[RT1]acl advanced 3000
```

(3) 创建规则 0,仅允许目的地址为 10.1.99.1 的 TCP 报文(telnet 端口号为 23)能够通过。

```
[RT1 - acl - adv - 3000]rule 0 permit tcp destination 10.1.99.1 0 destination - port eq telnet
```

(4) 创建规则 5,禁止目的地址为 10.1.99.1 的 ICMP 协议报文(ping 报文)通过。

```
[RT1 - acl - adv - 3000]rule 5 deny icmp destination 10.1.99.1 0
```

(5) 创建规则 10,禁止目的地址为 10.1.99.1 的任何报文通过。

```
[RT1 - acl - adv - 3000]rule 10 deny ip destination 10.1.99.1 0
[RT1 - acl - adv - 3000]quit
[RT1]int GE0/1
```

(6) 在 GE0/1(RT1 连接公网接口)接口入方向下发 ACL 3000。

```
[RT1 - GigabitEthernet0/1]firewall packet - filter 3000 inbound
```

配置完成后,在 PC3 上测试一下配置效果,如下所示。

```
C:\Users\H3C > ping 10.1.99.1

Ping 10.1.99.1 (10.1.99.1): 56 data bytes, press CTRL_C to break
```

```
Request time out
Request time out
Request time out
Request time out
Request time out


  --- Ping statistics for 10.1.99.1 ---
5 packet(s) transmitted, 0 packet(s) received, 100.0% packet loss


C:\Users\H3C> ping 10.1.10.1

Ping 10.1.10.1 (10.1.10.1): 56 data bytes, press CTRL_C to break
Request time out
Request time out
Request time out
Request time out
Request time out

  --- Ping statistics for 10.1.10.1 ---
5 packet(s) transmitted, 0 packet(s) received, 100.0% packet loss

C:\Users\H3C> ping 10.1.20.1

Ping 10.1.20.1 (10.1.20.1): 56 data bytes, press CTRL_C to break
Request time out
Request time out
Request time out
Request time out
Request time out


  --- Ping statistics for 10.1.20.1 ---
5 packet(s) transmitted, 0 packet(s) received, 100.0% packet loss
```

以上信息表明,在 PC3 上(分支机构内)不能 ping 通总部内网用户及服务器的 IP。

那么内部服务器是否可以访问?我们再测试一下:在 PC3 上执行 telnet 10.1.99.1 命令,可以成功登录 Server 服务器。

小贴士

接口下发 ACL 时要注意下发方向,如果方向与过滤规则定义的数据流方向不一致,则会下发失败,过滤规则也就不会起作用。

例如在 RT1 上下发的 ACL 3000,在 ACL 3000 中定义了 3 条规则,分别对目的主机地址 10.1.99.1 的访问进行了限制,我们项目中是选择在 GE0/1 口下发该 ACL,由于测试是从 PC3 上发起的,报文从 PC3 经 RT2 进入 RT1 的 GE0/1 口,这时就需要在 inbound 方向上下发该规则才可以命中 ACL 中规定的数据流;但假如我们选择在 GE0/0 口下发该规则,按照数据流向,这时我们的报文应该是从 GE0/0 接口流出,所以如果选择在该接口下发 ACL,我们就应该使用 outbound 方向了。

10.7 项目常见问题

在本项目实施中,容易产生以下常见问题。

(1) 在 10.6.4 小节中,配置正确但报文仍然没有阻断。

(2) 配置好 ACL 并下发后,发现报文没有按照预想的规则进行过滤。

如果遇到上述问题,则解决办法如下。

(1) 在路由器系统视图中执行 firewall enable 命令开启防火墙功能。

(2) 检查配置,很可能是 ACL 下发方向错误。

10.8 项目评价

项目评价如表 10-4 所示。

表 10-4 项目评价表

班级_____			指导教师_____				
小组_____			日 期_____				
姓名_____							

评价项目	评价标准	评价依据	评价方式			权重	得分
			学生自评	小组互评	教师评价		
职业素养	(1) 遵守企业规章制度和劳动纪律 (2) 按时按质完成工作 (3) 积极主动承担工作任务,勤学好问 (4) 人身安全与设备安全 (5) 工作岗位 6S 完成情况	(1) 出勤 (2) 工作态度 (3) 劳动纪律 (4) 团队协作精神				0.3	
专业能力	(1) 了解 ACL 的基础知识 (2) 掌握访问控制列表的配置 (3) 掌握在交换机及路由器上如何应用 ACL 实现包过滤	(1) 操作的准确性和规范性 (2) 项目技术总结完成情况 (3) 专业技能任务完成情况				0.5	
创新能力	(1) 在任务完成过程中能提出自己的有一定见解的方案 (2) 在教学或生产管理上提出建议,具有创新性	(1) 方案的可行性及意义 (2) 建议的可行性				0.2	
合计							

10.9　项目总结

本项目涉及以下内容。

(1) ACL 的主要作用是进行报文过滤。

(2) ACL 的分类包含基本访问控制列表和高级访问控制列表。

(3) ACL 的基础配置包括设置规则和在接口下发。

(4) ACL 在接口的下发方向需与 ACL 定义的数据流规则匹配。

项目总结(含技术总结、实施中的问题与对策、建议等):

10.10　项目拓展

在上述项目中,新提出了一个需求,公司的领导要求可以任意与总部各部门间及分支机构间进行互通,我们单独为该领导指定了一个 VLAN(vlan100),该 VLAN 的 IP 地址范围为 10.1.100.0/24,那么为了满足该需求,我们将如何进行配置? 拓展项目拓扑图如图 10-2所示。

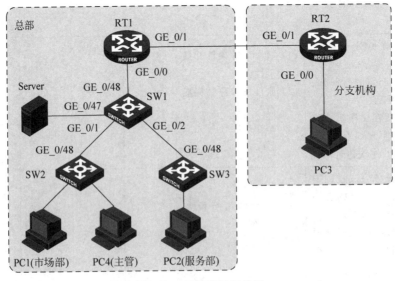

图 10-2　拓展项目拓扑图

拓展项目中涉及的设备及器材如表 10-5 所示。

表 10-5　设备及器材

名称和型号	版　　本	数量	描　　述
MSR36-20	Version 7.1	2	—
S5820V2-54QS-GE	Version 7.1	3	—
第 5 类 UTP 以太网连接线	—	8	—

拓展项目要求如下。

(1) 通过配置 ACL 包过滤,实现主管可以任意访问总部的部门及分支机构。

(2) 总部部门间及分支机构与总部部门间不能互访,但均可以访问共享服务器。

(3) 总部部门和分支机构用户不能 ping 通共享服务器。

项目11

NAT地址转换

通过本项目的实施,应具备以下能力。

- 了解 NAT 产生的背景;
- 了解 NAT 的原理;
- 掌握 NAT 的配置和应用场景。

11.1 项目简介

某公司建立了公司内部网络,以满足公司内业务互通的需求。另外,公司内部用户还有访问 Internet 的需求。但由于公司内部都使用私网地址,无法直接访问 Internet,需要在公网网关路由器上配置 NAT 转换,将公司内部的私网 IP 转换成公网 IP 后访问 Internet,同时开放 SFTP 服务器供 Internet 用户访问。

11.2 项目任务和要求

1. 项目任务

(1) 了解公网、私网等基本概念。

(2) 了解 NAT 的基本知识。

(3) 掌握 NAT 的几种常用应用及其配置。

2. 项目完成时间

2 小时。

3. 项目质量要求

(1) 正确配置 Easy IP 方式 NAT,让内网用户可以访问公网服务器 Server2。

(2) 正确配置地址池方式 NAT,让内网用户可以访问公网服务器 Server2。

(3) 在地址池方式下,公网用户可以通过公网 IP 访问私网服务器 Server1。

4. 安全与文明(6S)

项目实施时应注意安全与文明(6S)规范,包括但不限于如下。

(1) 设备、模块、线缆应按类分别摆放整齐。

(2) 所使用的耗材、线头等不要随意丢弃。

(3) 接触设备、模块等电子设备时要穿戴防静电服或防静电手腕带。

(4) 非项目要求,不随意关机断电重启。

(5) 工作成果(配置文件)注意随时保存。

(6) 如果设备上有模块,不在开机状态下进行拔插操作。

(7) 保持现场干净整洁,及时清理。

11.3 项目设备及器材

本项目所需的设备及器材如表 11-1 所示。

表 11-1 设备及器材

名称和型号	版 本	数量	描 述
MSR36-20	Version 7.1	3	—
S5820V2-54QS-GE	Version 7.1	1	—
PC	Windows	2	—
第 5 类 UTP 以太网连接线	—	5	—

11.4 项目背景

公司内网完成互联后,内部用户提出了访问 Internet 的需求。由于在内网使用的全部是私网 10.0.0.0 段地址,如果内网用户上网则要为每台内网用户 PC 设定公网 IP,而公网 IP 是需要跟运营商租借的,这无疑是一笔很大的费用,并且所有内网 PC 都"暴露"在公网上,这对公司内网的安全性无疑是一个考验,如何解决该问题?

如图 11-1 所示为本项目的组网图,路由器 RT1 为公司的公网网关路由器,SW1 为公司内网的汇聚层交换机,在 SW1 上以不同 VLAN 将公司内网的部门隔离(一个 VLAN 对应一个业务网段),Server1 为公司的一台 SFTP 服务器,该服务器计划对外网用户开放。

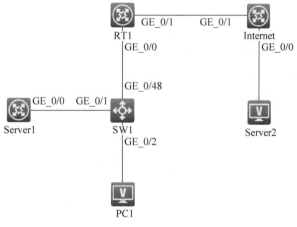

图 11-1 组网图

11.5 项目分析

公司内网每个用户使用一个公网 IP 上网,这对于企业而言无疑太浪费了,而且内网用户都使用公网 IP 上网,对于公司会造成很严重的信息安全问题(公网用户可以任意访问公司的资源),使用 NAT 技术就可以完美地解决这一问题。

NAT

NAT(network address translation,网络地址转换)是将 IP 数据报文头中的 IP 地址转换为另一个 IP 地址的过程。

我们可以使用 NAT 技术将内网一个或多个用户的私网 IP 转换为一个或多个公网 IP,这样对于内网用户而言,他们获得了公网 IP,这可以保证他们正常上网;而对于公网而言,仅仅是这几个公网地址在访问公网,对于私网用户在公网是看不到的,这点无疑保证了公司网络的安全性。

私网 IP 与公网 IP

私网 IP 地址是指内部网络或主机的 IP 地址,公网 IP 地址是指在因特网上全球唯一的 IP 地址。

三个网段的地址可作为私有地址使用。它们是 10.0.0.0/8、172.16.0.0/16~172.31.0.0/16、192.168.0.0/16。这三个地址范围不会被分配给公网节点,每个组织可以自由使用(即多个组织可能使用相同的地址范围)。

NAT 最初的设计目的是实现私有网络访问公共网络的功能,后扩展到实现任意两个网络间进行访问时的地址转换应用,本文中将这两个网络分别称为内部网络(内网)和外部网络(外网),通常私网为内部网络,公网为外部网络。

11.6 项目实施

项目具体实施流程包括:网络基本功能部署;使用 Easy IP 方式配置 NAT,让内网用户可以正常访问外网 Server2 服务器;使用地址池方式配置 NAT,让内网用户可以正常访问外网 Server2 服务器;在 RT1 上配置 NAT Server 功能,让外网用户可以正常访问内网 SFTP 服务器(Server1)。

11.6.1 网络基本功能部署

检查设备的软件版本及配置信息,确保各设备软件版本符合要求,所有配置为初始状态。如果配置不符合要求,则可在用户模式下擦除设备中的配置文件,然后重启设备以使系统采用默认的配置参数进行初始化。

以上步骤可能会用到以下命令。

```
<H3C> display version
<H3C> reset saved - configuration
<H3C> reboot
```

根据表 11-2,对图 11-1 所示网络中的设备进行连接。

表 11-2 设备连接表

源设备名称	设 备 接 口	目标设备名称	设 备 接 口
SW1	GE1/0/48	RT1	GE0/0
SW1	GE1/0/1	Server1(路由器替代)	GE0/0
SW1	GE1/0/2	PC1	—
RT2(Internet)	GE0/1	RT1	GE0/1
RT2(Internet)	GE0/0	Server2	—

目前规划了 VLAN10 和 VLAN20 作为公司内不同部门的 VLAN,使用 VLAN99 连接公司服务器网段;公司总部内网业务部门及服务器网关都配置在 SW1 设备上,SW1 设备使用

Vlan-interface2 与上行的 RT1 设备互联。

各设备及 PC 所规划的 IP 地址如表 11-3 所示。

表 11-3　IP 地址表

设 备 名 称	设 备 接 口	IP 地 址
SW1	Vlan-interface10	10.1.10.254/24
SW1	Vlan-interface99	10.1.99.254/24
SW1	Vlan-interface2	10.1.2.2/30
RT1	GE0/0	10.1.2.1/30
RT1	GE0/1	60.1.1.1/30
RT2(Internet)	GE0/1	60.1.1.2/30
RT2(Internet)	GE0/0	100.1.1.254/24
PC1	—	10.1.10.1/24
Server1(路由器)	GE0/0	10.1.99.1/24
Server2	—	100.1.1.1/24

根据上述规划,在各设备上进行基本配置。

配置 RT1:

```
<H3C>system-view
[H3C]sysname RT1
[RT1]interface GigabitEthernet 0/0
[RT1-GigabitEthernet0/0]ip address 10.1.2.1 30
[RT1-GigabitEthernet0/0]interface GigabitEthernet 0/1
[RT1-GigabitEthernet0/1]ip address 60.1.1.1 30
[RT1-GigabitEthernet0/1]quit
[RT1]ip route-static 0.0.0.0 0 60.1.1.2
[RT1]ip route-static 10.1.0.0 255.255.0.0 10.1.2.2
```

配置 SW1:

```
<H3C>system-view
[H3C]sysname SW1
[SW1]vlan 2
[SW1-vlan2]port GigabitEthernet 1/0/48
[SW1-vlan2]vlan 99
[SW1-vlan99]port GigabitEthernet 1/0/1
[SW1-vlan99]vlan 10
[SW1-vlan20]port GigabitEthernet 1/0/2
[SW1-vlan20]quit
[SW1]interface vlan 2
[SW1-Vlan-interface2]ip add 10.1.2.2 30
[SW1-Vlan-interface2]quit
[SW1]interface Vlan-interface 99
[SW1-Vlan-interface99]ip add 10.1.99.254 24
[SW1-Vlan-interface99]quit
[SW1]interface Vlan-interface 10
[SW1-Vlan-interface10]ip add 10.1.10.254 24
[SW1-Vlan-interface10]quit
[SW1]ip route-static 0.0.0.0 0 10.1.2.1
[SW1]ip route-static 10.1.0.0 16 NULL 0
```

配置 RT2(Internet)：

```
<H3C>system-view
[H3C]sysname Internet
[Internet]interface GigabitEthernet 0/1
[Internet-GigabitEthernet0/1]ip address 60.1.1.2 30
[Internet-GigabitEthernet0/1]interface GigabitEthernet 0/0
[Internet-GigabitEthernet0/0]ip address 100.1.1.254 24
```

配置如下静态路由确保 RT1 与外网服务器 Server2 网络通畅。

```
[Internet]ip route-static 51.1.1.0 28 60.1.1.1
```

为了方便后续测试，本实验用一台路由器代替私网 SFTP 服务器，作为 SFTP 服务器，Server1 的配置如下所示。

（1）配置 Server1 的 IP 地址及默认路由，以便可以与其他设备正常通信。

```
<H3C>system-view
[H3C]sysname Server1
[Server1]interface GigabitEthernet 0/0
[Server1-GigabitEthernet0/0]ip address 10.1.99.1 24
[Server1-GigabitEthernet0/0]quit
[Server1]ip route-static 0.0.0.0 0 10.1.99.254
```

（2）开启 Server1 的 SFTP 服务，SFTP 要求客户端用户必须由服务器进行身份验证，并且数据传输必须通过安全通道(SSH)进行，即需要开启 SSH 服务器。

```
[Server1]sftp server enable
[Server1]local-user user1
[Server1-luser-manage-user1]password simple h3cl012345
[Server1-luser-manage-user1]authorization-attribute user-role network-admin
[Server1-luser-manage-user1]service-type ssh
```

（3）配置对 SFTP 用户使用默认的本地认证。

```
[Server1]line vty 0 63
[Server1-line-vty0-63]user-role network-admin
[Server1-line-vty0-63]authentication-mode scheme
```

配置完成后，在 PC1 上分别执行命令 ping 100.1.1.1，出现如下所示结果。

```
C:\Users\z08880.H3C>ping 100.1.1.1

Ping 100.1.1.1 (100.1.1.1): 56 data bytes, press CTRL_C to break
Request time out
Request time out
Request time out
Request time out
Request time out

--- Ping statistics for 100.1.1.1 ---
5 packet(s) transmitted, 0 packet(s) received, 100.0% packet loss
```

配置完成后，在 PC1 上分别执行命令 ping 10.1.99.1，出现如下所示结果。

```
Ping 10.1.99.1 (10.1.99.1): 56 data bytes, press CTRL_C to break
56 bytes from 10.1.99.1: icmp_seq = 0 ttl = 254 time = 3.000 ms
56 bytes from 10.1.99.1: icmp_seq = 1 ttl = 254 time = 1.000 ms
56 bytes from 10.1.99.1: icmp_seq = 2 ttl = 254 time = 2.000 ms
56 bytes from 10.1.99.1: icmp_seq = 3 ttl = 254 time = 2.000 ms
56 bytes from 10.1.99.1: icmp_seq = 4 ttl = 254 time = 2.000 ms

--- Ping statistics for 10.1.99.1 ---
5 packet(s) transmitted, 5 packet(s) received, 0.0 % packet loss
round - trip min/avg/max/std - dev = 1.000/2.000/3.000/0.632 ms
```

从结果可以看出,PC1可以正常ping通Server1,但不可以正常ping通Server2,即内网用户不能访问外网。

11.6.2　使用Easy IP方式配置NAT

由于资金有限,公司只跟运营商租借了一个公网IP(60.1.1.1),我们可以选择Easy IP方式配置NAT。

Easy IP

　　Easy IP是指进行地址转换时,直接使用接口的外网IP地址作为转换后的源地址,能够最大限度地节省IP地址资源。

在RT1上相关命令与解释如下所示。

(1) 创建序列号为2000的ACL(基本访问控制列表)。

```
[RT1]acl basic 2000
```

(2) 创建规则0,允许源地址为10.1.0.0/16的报文能够通过。

```
[RT1 - acl - basic - 2000]rule 0 permit source 10.1.0.0 0.0.255.255
```

(3) 创建规则5,拒绝其他所有报文通过。

```
[RT1 - acl - basic - 2000]rule 5 deny
[RT1 - acl - basic - 2000]quit
```

(4) 在GE0/1接口上使能NAT,对出方向并符合ACL 2000的报文进行地址转换。

```
[RT1]interface GigabitEthernet 0/1
[RT1 - GigabitEthernet0/1]nat outbound 2000
```

配置完成后我们再在PC1上用ping来测试到外网Server2的可达性,显示结果如下:

```
C:\Users\H3C > ping 100.1.1.1

Ping 100.1.1.1 (100.1.1.1): 56 data bytes, press CTRL_C to break
56 bytes from 100.1.1.1: icmp_seq = 0 ttl = 252 time = 4.000 ms
56 bytes from 100.1.1.1: icmp_seq = 1 ttl = 252 time = 7.000 ms
56 bytes from 100.1.1.1: icmp_seq = 2 ttl = 252 time = 9.000 ms
56 bytes from 100.1.1.1: icmp_seq = 3 ttl = 252 time = 8.000 ms
56 bytes from 100.1.1.1: icmp_seq = 4 ttl = 252 time = 8.000 ms
```

```
--- Ping statistics for 100.1.1.1 ---
5 packet(s) transmitted, 5 packet(s) received, 0.0% packet loss
round-trip min/avg/max/std-dev = 4.000/7.200/9.000/1.720 ms
```

通过结果可以看出 PC1 可以访问外网 Server2 了。

小贴士

在模拟器中 PC1 上执行 ping 100.1.1.1 命令后需要立即去 RT1 查看 NAT 会话状态,否则其 NAT 会话状态会释放而无法显示。

我们再在 RT1 上用 display nat session brief 命令来查看一下 NAT 的会话状态。

```
<RT1>display nat session brief

Slot 0:
Protocol      Source IP/port      Destination IP/port      Global IP/port
ICMP          10.1.10.1/155       100.1.1.1/2048           60.1.1.1/××××

Total sessions found: 1
```

在上述输出信息中,表明产生了一个 NAT 会话,使用协议为 ICMP(使用 ping 测试产生),转换后的公网地址(GlobalAddr)为 60.1.1.1,使用端口号(Port)为××××,发起该会话的内网地址(InsideAddr)是 10.1.10.1,访问的目的地址(DestAddr)为 100.1.1.1。从该会话信息可以看出,NAT 转换已经成功。由于只有一个公网 IP,所以内网不同用户的 NAT 是通过不同的端口号来标识的。

Easy IP 的应用场景

Easy IP 的主要应用场景包括组织只申请了一个公网 IP,组织使用拨号方式(ADSL 拨号、小区宽带拨号)自动获取地址等。

11.6.3　使用地址池方式配置 NAT

由于公司内网用户较多,所以公司向运营商租借多个公网 IP 供内网用户访问外网使用。这种情况下,可以采用地址池的方式配置 NAT。

地址池

地址池是用于地址转换的一些连续的公网 IP 地址的集合,它可以有效地控制公网地址的使用。在地址转换的过程中,NAT 设备将会从地址池中挑选一个 IP 地址作为数据报文转换后的源 IP 地址。

运营商分配了一个新的 IP 地址池(51.1.1.1~51.1.1.14)供公司使用,并调整了运营商设备的配置。在 SW2(Internet)上的配置调整如下:

```
[Internet]ip route-static 51.1.1.0 255.255.255.240 60.1.1.1
```

在公司的公网网关设备 RT1 上修改配置,其相关命令与解释如下所示。

(1) 删除之前在 GE0/1 接口下关联 ACL 2000 的 NAT 命令。

```
[RT1]interface GigabitEthernet 0/1
[RT1-GigabitEthernet0/1]undo nat outbound 2000
[RT1-GigabitEthernet0/1]quit
```

（2）创建 NAT 地址池 1 使用地址范围 51.1.1.1～51.1.1.13(51.1.1.14 地址暂不使用，该地址留给 NAT Server 使用)。

```
[RT1]nat address - group 1
[RT1 - address - group - 1]address 51.1.1.1 51.1.1.13
```

（3）在 GE0/1 接口处方向关联 ACL 2000 规则，使用地址池 1 下发 NAT。

```
[RT1]interface GigabitEthernet 0/1
[RT1 - GigabitEthernet0/1]nat outbound 2000 address - group 1
```

配置完成后在 PC1 上测试到 Server2 的可达性。显示结果如下：

```
C:\Users\H3C > ping - c 100 100.1.1.1

Ping 100.1.1.1 (100.1.1.1): 56 data bytes, press CTRL_C to break
56 bytes from 100.1.1.1: icmp_seq = 0 ttl = 252 time = 4.000 ms
56 bytes from 100.1.1.1: icmp_seq = 1 ttl = 252 time = 3.000 ms
56 bytes from 100.1.1.1: icmp_seq = 2 ttl = 252 time = 2.000 ms
56 bytes from 100.1.1.1: icmp_seq = 3 ttl = 252 time = 4.000 ms
56 bytes from 100.1.1.1: icmp_seq = 4 ttl = 252 time = 2.000 ms
...
```

从测试结果可以看出，PC1 可以 ping 通外网服务器 Server2 了。

提示

此处使用 ping -c 命令是用来延长测试的时间，来保持会话的有效性，方便后面的 NAT 会话信息展示。

我们再检查一下 NAT 会话信息。

```
< RT1 > display nat session brief

Slot 0:
Protocol      Source IP/port      Destination IP/port      Global IP/port
ICMP          10.1.10.1/159       100.1.1.1/2048           51.1.1.11/× × × ×

Total sessions found: 1
```

会话信息显示正常，Global IP 变为 51.1.1.11，证明 NAT 地址池方式配置成功。

11.6.4　在 RT1 上配置 NAT Server 功能

公司内网的服务器 Server1 计划对外网开放，但仅配置 NAT 后只能保证内网用户正常访问外网，要想使外网用户可以正常访问内网的服务器，就需要在 RT1 设备上配置 NAT Server 功能。

NAT Server

NAT Server 又称 NAT 内部服务器，就是通过静态配置"公网 IP 地址＋端口号"与"私网 IP 地址＋端口号"间的映射关系，实现公网 IP 地址到私网 IP 地址的"反向"转换。例如，可以将 20.1.1.1：8080 配置为内网某 Web 服务器的外部网络地址和端口号供外部网络访问。

在公网网关设备 RT1 的 GE0/1 上创建 NAT Server,使用协议为 TCP,将内部地址 10.1.99.1,服务类型为 SFTP 的服务器映射为 51.1.1.14 的公网 IP,对外提供的服务类型为 SFTP(端口号为 22)。

```
[RT1]int GigabitEthernet 0/1
[RT1 - GigabitEthernet0/1] nat server protocol tcp global 51.1.1.14 22 inside 10.1.99.1 22
```

然后在 RT1 上查看设备的 NAT Server 信息。

```
< RT1 > display nat server
NAT internal server information:
  Totally 1 internal servers.

  Interface: GigabitEthernet0/1
    Protocol: 6(TCP)
    Global IP/port: 51.1.1.14/22
    Local IP/port : 10.1.99.1/22
    NAT counting : 0
    Config status : Active
```

可以看到,NAT Server 的公网(global)地址为 51.1.1.14,而私网(local)地址为 10.1.99.1。在 Server2 上测试一下配置效果。

```
< H3C > sftp 51.1.1.14
Username: user1
Press CTRL + C to abort.
Connecting to 51.1.1.14 port 22.
The server is not authenticated. Continue? [Y/N]:y
Do you want to save the server public key? [Y/N]:y
user1@51.1.1.14's password:
sftp >

sftp > dir
drwxrwxrwx    2  1       1        4096 Jun 12 14:51 diagfile
- rwxrwxrwx   1  1       1        735 Jun 12 18:00 hostkey
- rwxrwxrwx   1  1       1        252 Jun 12 21:01 ifindex. dat
- rwxrwxrwx   1  1       1        43136 Jun 12 14:51 licbackup
- rwxrwxrwx   1  1       1        43136 Jun 12 14:51 licnormal
drwxrwxrwx    2  1       1        4096 Jun 12 18:37 logfile
- rwxrwxrwx   1  1       1        0 Jun 12 14:51
msr36 - cmw710 - boot - r0821p11. bin
- rwxrwxrwx   1  1       1        0 Jun 12 14:51
msr36 - cmw710 - system - r0821p11. bin
drwxrwxrwx    2  1       1        4096 Jun 12 14:51 seclog
- rwxrwxrwx   1  1       1        591 Jun 12 18:00 serverkey
- rwxrwxrwx   1  1       1        2675 Jun 12 21:01 startup. cfg
- rwxrwxrwx   1  1       1        67484 Jun 12 21:01 startup. mdb
sftp >
```

以上信息表明,在 Server2(公网设备)上可以访问到公司的私网 SFTP 服务器 Server1。

11.7　项目常见问题

在本项目实施中,容易产生以下常见问题。

(1) 在 11.6.2 小节中,NAT 配置完成后,PC1 仍然无法访问 Server1。

(2) 在项目中,要求内网中的部分用户可以访问外网,但测试后发现所有用户都可以访问外网。

如果遇到上述问题,则解决办法如下。

(1) 首先确保 Server1 的防火墙功能是关闭的;其次确认网络中路由没有问题;最后确认 NAT 转换没有问题。

(2) 检查 ACL 中的规则配置。如果 ACL 中的规则定义了所有 IP 地址段,则所有用户都可以访问外网。

11.8　项目评价

项目评价如表 11-4 所示。

表 11-4　项目评价表

班级 ＿＿＿＿＿＿＿＿			指导教师 ＿＿＿＿＿＿＿＿				
小组 ＿＿＿＿＿＿＿＿			日　　期 ＿＿＿＿＿＿＿＿				
姓名 ＿＿＿＿＿＿＿＿							

评价项目	评价标准	评价依据	评价方式			权重	得分
			学生自评	小组互评	教师评价		
职业素养	(1) 遵守企业规章制度和劳动纪律 (2) 按时按质完成工作 (3) 积极主动承担工作任务,勤学好问 (4) 人身安全与设备安全 (5) 工作岗位 6S 完成情况	(1) 出勤 (2) 工作态度 (3) 劳动纪律 (4) 团队协作精神				0.3	
专业能力	(1) 了解 NAT 产生的背景 (2) 了解 NAT 的原理 (3) 掌握 NAT 的配置和应用场景	(1) 操作的准确性和规范性 (2) 项目技术总结完成情况 (3) 专业技能任务完成情况				0.5	
创新能力	(1) 在任务完成过程中能提出自己的有一定见解的方案 (2) 在教学或生产管理上提出建议,具有创新性	(1) 方案的可行性及意义 (2) 建议的可行性				0.2	
合计							

11.9　项目总结

本项目涉及以下内容。

(1) 常见的 NAT 实现有 Easy IP、地址池方式和 NAT Server 等。

(2) 配置 NAT 时,需要使用 ACL 来确定地址转换的范围。

(3) NAT 具有节省公网 IP、保护内网安全性等功能。

项目总结(含技术总结、实施中的问题与对策、建议等):

11.10　项目拓展

在上述项目中,新提出了一个需求,公司的领导要求只有下班的时间允许内网用户上网,上班时间只有特定网段(10.1.30.0/24)用户可以上网,如何配置实现该功能? 拓展项目拓扑图如图 11-2 所示。

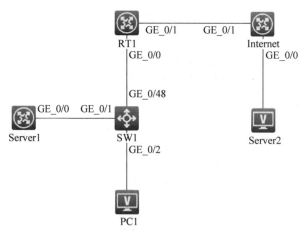

图 11-2　拓展项目拓扑图

拓展项目中涉及的设备及器材如表 11-5 所示。

拓展项目要求如下。

(1) 在上班时间(9:00—12:00、14:00—18:00)不允许内网用户访问外网,其他时间可以。

(2) 只有特定网段(10.1.30.0/24)不受此限制。

表 11-5　设备及器材

名称和型号	版　本	数量	描　　述
MSR36-20	Version 7.1	3	Server1 可以用路由器代替
S5820V2-54QS-GE	Version 7.1	1	—
PC	Windows	2	Server2 可以用 PC 代替
第 5 类 UTP 以太网连接线	—	5	—

项目12

DHCP应用

通过本项目的实施,应具备以下能力。

- 了解 TCP/IP 中应用层的知识;
- 了解 DHCP 和 DHCP Server 的相关概念;
- 掌握交换机上 DHCP Relay 的配置方法;
- 掌握路由器上 DHCP Server 的配置方法。

12.1 项目简介

随着企业人数的进一步增加,××公司需要更大的局域网来使所有用户都能够访问网络。而每台工作站在访问网络及其资源之前,都必须进行基本的网络配置,一些主要参数诸如 IP 地址、子网掩码、默认网关、DNS 等必不可少。最初××公司计划由网络管理员手工配置。但在实施中发现,人工管理 IP 地址的分配非常麻烦,而且网络中移动用户经常需要手工改动 IP 地址,一旦改错就很容易造成地址冲突。这个时候,可以采用动态主机配置协议(DHCP)来为主机分配 IP 地址。

12.2 项目任务和要求

1. 项目任务

(1) 了解 DHCP 的相关概念。

(2) 通过配置 DHCP Server 来实现网络终端 IP 地址统一管理。

(3) 通过配置 DHCP Relay 来实现网络终端自动获取 IP 地址。

(4) 通过配置静态绑定的 DHCP 地址池实现服务器或某些特殊的主机使用固定 IP 地址。

2. 项目完成时间

2 小时。

3. 项目质量要求

(1) 网络互联互通,各 PC 能通过 DHCP 获取到地址。

(2) 设备配置脚本简洁明了,没有多余配置。

4. 安全与文明(6S)

项目实施时应注意安全与文明(6S)规范,包括但不限于以下规范。

(1) 设备、模块、线缆应按类分别摆放整齐。

(2) 所使用的耗材、线头等不要随意丢弃。

(3) 接触设备、模块等电子设备时要穿戴防静电服或防静电手腕带。

(4) 非项目要求,不随意关机断电重启。

（5）工作成果（配置文件）注意随时保存。

（6）如果设备上有模块，则不在开机状态下进行拔插操作。

（7）保持现场干净整洁，及时清理。

12.3　项目设备及器材

本项目所需的设备及器材如表 12-1 所示。

表 12-1　设备及器材

名称和型号	版　　本	数量	描　　　　述
S5820V2-54QS-GE	Version 7.1	3	—
MSR36-20	Version 7.1	1	若物理设备组网只有 1 台就可以了
PC	Windows	6	
第 5 类 UTP 以太网连接线	—	10	直通线即可

12.4　项目背景

××公司的总部局域网中，SW1 和 SW2 为二层交换机，SW1 和 SW2 上均包含 VLAN10 和 VLAN20，如图 12-1 所示。SW3 为三层交换机，是 VLAN10、VLAN20 和 VLAN60 的网关。网络中的所有主机分别属于 VLAN10、VLAN20 和 VLAN60，而主机的 IP 地址都是手工配置的。随着局域网规模的进一步增大，这种方法逐渐变得不合适了。首先是人工管理 IP 地址的分配非常麻烦，其次是网络中移动用户经常需要手工改动 IP 地址，一旦改错就很容易造成地址冲突，导致该主机无法与网络中的其他主机通信。

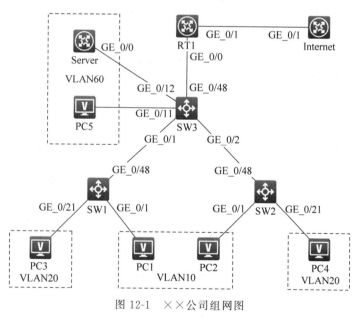

图 12-1　××公司组网图

12.5　项目分析

在公司网络急速扩张的情况下，确保所有主机都拥有正确的配置是一件相当困难的管理任务，尤其对于含有漫游用户和笔记本电脑的动态网络更是如此。经常有计算机从一个子网移到另一个子网以及从网络中移出。手动配置或重新配置数量巨大的计算机可能要花很长时间，而 IP 主机配置过程中的错误可能导致该主机无法与网络中的其他主机通信。

那么我们应该怎样来解决这个问题呢？这就需要我们用到今天要学习的新知识 DHCP。

DHCP

DHCP(dynamic host configuration protocol,动态主机配置协议)是 IETF(因特网工程任务组)设计的一个局域网的网络协议,使用 UDP 工作,主要有两个用途：给内部网络或网络服务供应商自动分配 IP 地址,给用户或者内部网络管理员作为对所有计算机进行中央管理的手段。

12.6　项目实施

通过以上分析并结合了××公司的网络现状和后续的网络扩容,××公司网络管理员决定采用公司局域网络中的 H3C 路由器 MSR(RT1)作为 DHCP Server,利用 DHCP 为网络中所有主机分配 IP 地址、子网掩码、默认网关、DNS 等参数,以保证用户能正常地访问公司网络资源。

具体的实施过程包括：连接公司网络设备,完成相关配置保证网络的连通并进行网络连通性测试；在路由器上配置 DHCP Server 并进行效果检验；在三层交换机 SW3 上配置 DHCP Relay 并再次进行效果检验；配置静态绑定的 DHCP 地址池；查看 DHCP 的状态信息。

12.6.1　连接公司网络设备并进行配置

根据表 12-2,对图 12-1 所示网络中的交换机和路由器进行连接。

表 12-2　设备连接表

源设备名称	设备接口	所属 VLAN	目标设备名称	设备接口	所属 VLAN
SW1	GE1/0/48	VLAN10、VLAN20	SW3	GE1/0/1	VLAN10、VLAN20
SW2	GE1/0/48	VLAN10、VLAN20	SW3	GE1/0/2	VLAN10、VLAN20
SW3	GE1/0/48	VLAN40	RT1	GE0/0	无
RT1	GE0/1	无	Internet	GE0/1	无
SW1	GE1/0/1	VLAN10	PC1	有线网卡	无
SW1	GE1/0/21	VLAN20	PC3	有线网卡	无
SW2	GE1/0/1	VLAN10	PC2	有线网卡	无
SW2	GE1/0/21	VLAN20	PC4	有线网卡	无
SW3	GE1/0/11	VLAN60	PC5	有线网卡	无
SW3	GE1/0/12	VLAN60	Server(路由器替代)	GE0/0	无

说明

连接 SW3 的服务器用路由器替代是为了后续实验(配置静态绑定的 DHCP 地址池),因为模拟器 HCL 中的终端 PC 只有客户端标识符,没有具体 MAC 地址,而绝大多数静态绑定都是通过 MAC 地址。

检查设备的软件版本及配置信息,确保各设备软件版本符合要求,所有配置为初始状态。如果配置不符合要求,则可在用户模式下擦除设备中的配置文件,然后重启设备以使系统采用默认的配置参数进行初始化。

以上步骤可能会用到以下命令。

```
<H3C> display version
<H3C> reset saved - configuration
<H3C> reboot
```

完成布线和基本配置后,在三层交换机 SW3 和路由器 RT1 上配置 IP 地址如表 12-3 所示。

表 12-3　网络设备 IP 地址表

设 备 名 称	接 口 名 称	IP 地 址	子 网 掩 码
SW3	Vlan-interface10	10.1.1.254	255.255.255.0
SW3	Vlan-interface20	10.1.2.254	255.255.255.0
SW3	Vlan-interface40	10.1.4.254	255.255.255.0
SW3	Vlan-interface60	10.1.6.254	255.255.255.0
RT1	GE0/0	10.1.4.1	255.255.255.0

完成上述所有配置同时配置相关的默认路由和静态路由后,在 PC 上配置 IP 地址,对网络连通性进行测试,PC 的 IP 地址如表 12-4 所示。

表 12-4　PC 的 IP 地址表

设备名称	IP 地址	子网掩码	设备名称	IP 地址	子网掩码	网关
PC1	10.1.1.1	255.255.255.0	PC2	10.1.1.2	255.255.255.0	10.1.1.254
PC3	10.1.2.1	255.255.255.0	PC4	10.1.2.2	255.255.255.0	10.1.2.254
PC5	10.1.6.1	255.255.255.0	Server	10.1.6.2	255.255.255.0	10.1.6.254

配置完成后,开始逐个 VLAN 进行连通性测试,这里以 VLAN10 为例来介绍。

(1) 从 PC1 对网关 10.1.1.254 进行 ping 操作,观察输出结果。

(2) 从 PC1 对 PC2 进行 ping 操作,观察输出结果。

(3) 从 PC1 对 SW3 的上行接口地址 10.1.4.254 进行 ping 操作,观察输出结果。

(4) 从 PC1 对 RT1 的下行接口地址 10.1.4.1 进行 ping 操作,观察输出结果。

注意

以上的 4 个测试步骤是确保网络连通性的必要测试,必须 3 个 VLAN 全部测试通过。

12.6.2　在路由器上配置 DHCP Server 并进行效果检验

DHCP 是一种客户机/服务器协议,该协议简化了客户机 IP 地址的配置和管理工作以及其他 TCP/IP 参数的分配。网络中的 DHCP 服务器给运行 DHCP 的客户机自动分配 IP 地址和相关的 TCP/IP 配置信息。

如表 12-5 所示为网络中各个网段中所需分配的 IP 地址及相关参数信息。

表 12-5　IP 地址及参数表

VLAN	网段/掩码	网关地址	租约时间/h	禁止分配的地址
VLAN10	10.1.1.0/24	10.1.1.254	1	10.1.1.254
VLAN20	10.1.2.0/24	10.1.2.254	1	10.1.2.254
VLAN60	10.1.6.0/24	10.1.6.254	1	10.1.6.254

说明

　　租约时间是指所分配地址的有效时间。有效时间到期后,地址会被回收,并进行再次分配。

　　禁止分配的地址是指这些地址不允许分配给主机。在网络中,网络设备、服务器的 IP 地址通常是手工分配的,不需要通过 DHCP 来分配使用。

　　在图 12-1 所示的网络中,在路由器 RT1 上使能 DHCP 服务,并按照表 12-5 所示配置 DHCP Server。路由器上使能 DHCP 服务和 DHCP Server 的配置命令如下所示。

　　(1) 使能 DHCP 服务。

```
[RT1]dhcp enable
```

　　(2) 配置给 VLAN10 分配 IP 地址的地址池。

```
[RT1]dhcp server ip-pool vlan10
```

　　(3) 配置地址池中的网段。

```
[RT1-dhcp-pool-vlan10]network 10.1.1.0 mask 255.255.255.0
```

　　(4) 配置地址池中的网关列表。

```
[RT1-dhcp-pool-vlan10]gateway-list 10.1.1.254
```

　　(5) 配置地址的租期为 1 小时。

```
[RT1-dhcp-vlan10]expired day 0 hour 1
```

　　(6) 配置分配给主机的 DNS 地址。

```
[RT1-dhcp-pool-vlan10]dns-list 202.15.69.1
```

注意

　　禁止将 PC 机的网关地址(即 VLAN 接口地址)分配给用户。

　　(7) 在系统视图下配置禁止分配的 IP 地址。

```
[RT1]dhcp server forbidden-ip 10.1.1.254
```

　　给 VLAN20 和 VLAN60 分配 IP 地址的地址池配置如下:

```
[RT1]dhcp server ip-pool vlan20
[RT1-dhcp-pool-vlan20]network 10.1.2.0 mask 255.255.255.0
[RT1-dhcp-pool-vlan20]gateway-list 10.1.2.254
[RT1-dhcp-pool-vlan20] expired day 0 hour 1
[RT1]dhcp server ip-pool vlan60
```

```
[RT1 - dhcp - pool - vlan60]network 10.1.6.0 mask 255.255.255.0
[RT1 - dhcp - pool - vlan60]gateway - list 10.1.6.254
[RT1 - dhcp - pool - vlan60] expired day 0 hour 1
[RT1]dhcp server forbidden - ip 10.1.2.254
[RT1]dhcp server forbidden - ip 10.1.6.254
```

完成上述所有配置后,将5台PC上原先配置的IP地址全部清除,并将其配置为自动获得IP地址和自动获取DNS服务器地址。然后,观察PC的地址获取情况。

最终发现,所有的PC都无法获取到IP地址。是什么导致了这种情况的发生呢?

原来DHCP的客户端是通过广播的方式和DHCP服务器取得联系的。当DHCP的客户端和DHCP的服务器不在同一个子网内时,DHCP的服务器上虽然会为不同的子网创建不同的地址数据库,但由于DHCP的客户端无法使用广播找到DHCP服务器,DHCP的客户端依然无法获得相应的IP地址。也就是说,上述配置如果是在SW3中进行配置则是可行的,因为SW3可以与其他客户端进行二层通信,可以接收客户端发送的DHCP广播报文。

那么在目前这种组网环境下,怎样才能使所有PC都正常获取IP地址呢?这就引出了DHCP的另一个知识点:DHCP Relay(DHCP中继代理)。

DHCP中继代理是在DHCP客户和服务器之间转发DHCP消息的主机或路由器。

12.6.3 在三层交换机上配置 DHCP Relay 并进行效果检验

在如图12-1所示的组网中,路由器RT1作为DHCP服务器需要对VLAN10、VLAN20中的主机也提供DHCP服务。那么我们需要在三层交换机SW3配置DHCP中继,以使VLAN10、VLAN20和VLAN60中的主机发出的广播DHCP报文能够通过中继到达位于路由器RT1上的DHCP服务器;同时也使VLAN60中的DHCP服务器发出的DHCP广播报文能通过中继以单播的形式发送给位于VLAN10和VLAN20内的主机,实现DHCP报文的交互。

在SW3上需要进行以下配置。

(1) 使能 DHCP 服务。

```
[SW3]dhcp enable
```

(2) 进入 VLAN10 的三层虚接口。

```
[SW3]interface Vlan - interface 10
```

(3) 配置 Vlan-interface10 接口,指定 DHCP 服务器地址。

```
[SW3 - Vlan - interface10]dhcp relay server - address 10.1.4.1
```

(4) 配置 Vlan-interface10 接口工作在 DHCP 中继模式。

```
[SW3 - Vlan - interface10]dhcp select relay
```

VLAN20 和 VLAN60 的配置如下:

```
[SW3]interface Vlan - interface 20
[SW3 - Vlan - interface20]dhcp relay server - address 10.1.4.1
[SW3 - Vlan - interface20]dhcp select relay
[SW3]interface Vlan - interface 60
```

[SW3 - Vlan - interface60]dhcp relay server - address 10.1.4.1
[SW3 - Vlan - interface60]dhcp select relay

配置完成后,三层交换机 SW3 会将位于 VLAN10 和 VLAN20 内的主机发出的 DHCP 广播报文,以单播的形式发送给位于路由器 RT1 的 DHCP 服务器,同时也会将 DHCP 服务器发出的 DHCP 广播报文,以单播的形式发送给位于 VLAN10、VLAN20 和 VLAN60 内的主机,实现 DHCP 报文的交互。位于 VLAN10、VLAN20 和 VLAN60 中的主机也可以通过位于路由器 RT1 的 DHCP 服务器 10.1.4.1 获取 IP 地址。

完成上述所有配置后,将 5 台 PC 和 Server 上原先配置的 IP 地址全部清除,并将其配置为自动获得 IP 地址。

其中 Server(路由器)端口自动获取 IP 地址的配置如下:

[Server]dhcp enable
[Server]interface GigabitEthernet 0/1
[Server - GigabitEthernet0/1]ip address dhcp - alloc

待网络完全收敛后,查看客户端 IP 地址,发现所有的 PC 都可以正常地获取对应网段 IP 地址。

在 DHCP Server(RT1)上使用 dis dhcp server ip-in-use 命令查看地址绑定信息。

```
<RT1>dis dhcp server ip-in-use
IP address        Client identifier/         Lease expiration        Type
                  Hardware address
10.1.1.1          0039-6336-382e-3731-       May 18 10:50:33 2022     Auto(C)
                  6336-2e30-3630-362d-
                  4745-302f-302f-31
10.1.1.2          0039-6336-382e-3764-       May 18 10:51:34 2022     Auto(C)
                  3564-2e30-3730-362d-
                  4745-302f-302f-31
10.1.2.1          0039-6336-382e-3838-       May 19 09:24:52 2022     Auto(C)
                  6137-2e30-3830-362d-
                  4745-302f-302f-31
10.1.2.2          0039-6336-382e-3930-       May 19 09:25:21 2022     Auto(C)
                  6336-2e30-3930-362d-
                  4745-302f-302f-31
10.1.6.1          0039-6336-382e-3966-       May 19 09:24:53 2022     Auto(C)
                  3961-2e30-6130-362d-
                  4745-302f-302f-31
10.1.6.2          0036-3637-332e-3731-       May 19 09:27:17 2022     Auto(C)
                  3433-2e30-6230-352d-
                  4745-302f-30
```

如上所示,DHCP 服务器为 5 台 PC 和 Server 都分配了 IP 地址,其中 Client identifier/Hardware address 列显示的是客户端标识符(Client identifier 是用来标识 Client 身份的字段),而不是 MAC 地址。

12.6.4　配置静态绑定的 DHCP 地址池

对于服务器或某些特殊的主机需要使用固定 IP 地址的,可以在服务器或主机上手工配置 IP 地址,然后将该地址加入禁止分配的 IP 地址列表中。

此外,还有另外一种方法是配置静态绑定的 DHCP 地址池。静态绑定有两种配置方法,即通过 MAC 地址或者客户端标识符(client identifier)来绑定固定 IP 地址,实际常用的是通过 MAC 地址绑定 IP。

如何获取 Server 的 MAC 地址呢?在替代 Server 的路由器上执行以下命令。

```
< Server > display interface GigabitEthernet 0/0
GigabitEthernet0/0
Current state: UP
Line protocol state: UP
Description: GigabitEthernet0/0 Interface
Bandwidth: 1000000 kbps
Maximum transmission unit: 1500
Allow jumbo frames to pass
Broadcast max - ratio: 100 %
Multicast max - ratio: 100 %
Unicast max - ratio: 100 %
Internet address: 10.1.6.2/24 (DHCP - allocated)
IP packet frame type: Ethernet II, hardware address:
6673 - 7143 - 0b05
```

可以发现,该端口的 IP 地址是通过 DHCP 获取的 10.1.6.2/24,MAC 地址是 6673-7143-0b05。假如服务器需要固定 IP 地址 10.1.6.11,那么我们可以在前面配置的基础上配置一个新的静态绑定地址池如下:

```
[RT1]dhcp server ip - pool static - vlan60
```

(1) 配置静态绑定的 IP 地址与 MAC 地址,并把有效期设置为无限制。

```
[RT1 - dhcp - pool - static - vlan60] static - bind ip - address 10.1.6.11 24
hardware - address 6673 - 7143 - 0b05
[RT1 - dhcp - pool - static - vlan60]expired unlimited
```

(2) 配置网关。

```
[RT1 - dhcp - pool - static - vlan60] gateway - list 10.1.6.254
```

完成上述配置之后 MAC 地址为 6673-7143-0b05 的主机将只能使用固定的 IP 地址 10.1.6.11,而且没有租约到期的问题。

12.6.5 查看 DHCP 的状态信息

上面的配置任务全部完成后,在 DHCP Server 上使用命令查看地址绑定信息、可用地址信息、租约超期信息、冲突信息、统计信息和树状结构信息。具体查看命令和输出结果如下所述。

在 DHCP Server 上查看地址绑定信息。

```
< RT1 > dis dhcp server ip - in - use
IP address        Client identifier/         Lease expiration      Type
                  Hardware address
10.1.1.1          0039 - 6336 - 382e - 3731 -  May 18 00:20:18 2022 Auto(C)
                  6336 - 2e30 - 3630 - 362d -
```

```
                      4745 - 302f - 302f - 31
10.1.1.2              0039 - 6336 - 382e - 3764 -   May 18 00:20:43 2022 Auto(C)
                      3564 - 2e30 - 3730 - 362d -
                      4745 - 302f - 302f - 31
10.1.2.1              0039 - 6336 - 382e - 3838 -   May 18 23:20:19 2022 Auto(C)
                      6137 - 2e30 - 3830 - 362d -
                      4745 - 302f - 302f - 31
10.1.2.2              0039 - 6336 - 382e - 3930 -   May 18 23:20:38 2022 Auto(C)
                      6336 - 2e30 - 3930 - 362d -
                      4745 - 302f - 302f - 31
10.1.6.1              0039 - 6336 - 382e - 3966 -   May 18 23:42:50 2022 Auto(C)
                      3961 - 2e30 - 6130 - 362d -
                      4745 - 302f - 302f - 31
10.1.6.2              0036 - 3637 - 332e - 3731 -   May 19 09:27:17 2022 Auto(C)
                      3433 - 2e30 - 6230 - 352d -
                      4745 - 302f - 30
10.1.6.11             6673 - 7143 - 0b05           Not used       Static(F)
```

说明

对于静态绑定的 DHCP 地址池中的 IP 地址,在查看 DHCP 地址池中地址绑定信息时,始终会出现在地址绑定信息中。不同的是,在对应的主机未接入网络时,该地址的绑定信息中租期显示为 Not used(未使用);而在主机接入网络并成功获取到该地址后,其租期显示为 Unlimited(无限的)。

但新绑定的 IP 地址不会立即生效,所以租期显示为 Not used,把该 Server 或 Server 的 GE0/1 端口重启,待网络收敛后再次在 RT1 上查看地址池。

```
< RT1 > dis dhcp server ip - in - use
IP address            Client identifier/         Lease expiration    Type
                      Hardware address
10.1.1.1              0039 - 6336 - 382e - 3731 -   May 18 00:20:18 2022   Auto(C)
                      6336 - 2e30 - 3630 - 362d -
                      4745 - 302f - 302f - 31
10.1.1.2              0039 - 6336 - 382e - 3764 -   May 18 00:20:43 2022   Auto(C)
                      3564 - 2e30 - 3730 - 362d -
                      4745 - 302f - 302f - 31
10.1.2.1              0039 - 6336 - 382e - 3838 -   May 18 23:20:19 2022   Auto(C)
                      6137 - 2e30 - 3830 - 362d -
                      4745 - 302f - 302f - 31
10.1.2.2              0039 - 6336 - 382e - 3930 -   May 18 23:20:38 2022   Auto(C)
                      6336 - 2e30 - 3930 - 362d -
                      4745 - 302f - 302f - 31
10.1.6.1              0039 - 6336 - 382e - 3966 -   May 18 23:42:50 2022   Auto(C)
                      3961 - 2e30 - 6130 - 362d -
                      4745 - 302f - 302f - 31
10.1.6.2              0036 - 3637 - 332e - 3731 -   May 19 09:27:17 2022   Auto(C)
                      3433 - 2e30 - 6230 - 352d -
                      4745 - 302f - 30
10.1.6.11             6673 - 7143 - 0b05           Unlimited       Static(F)
```

此时 IP 地址 10.1.6.11 的租期变为 Unlimited,表明该 IP 地址已经生效,而原来的 10.1.

6.2 并没有消失,待到达有效期后会被自动清除。

在 DHCP Server 上查看可用地址信息。

```
[H3C]display dhcp server free - ip

Pool name: vlan10
    Network: 10.1.1.0 mask 255.255.255.0
        IP ranges from 10.1.1.3 to 10.1.1.253

Pool name: vlan20
    Network: 10.1.2.0 mask 255.255.255.0
        IP ranges from 10.1.2.3 to 10.1.2.253

Pool name: vlan60
    Network: 10.1.6.0 mask 255.255.255.0
        IP ranges from 10.1.6.2 to 10.1.6.10
        IP ranges from 10.1.6.12 to 10.1.6.253
```

说明

display dhcp server free-ip 命令用来查看 DHCP 地址池中可用地址信息。其可以查看所有地址池中的可用地址信息。

在 DHCP Server 上查看租约超期信息。

```
< RT1 > display dhcp server expired

IP address      Client - identifier/ Hardware address Lease expiration
Type
--- total 0 entry ---
```

说明

display dhcp server expired 命令用来查看 DHCP 地址池中租约超期信息,在 DHCP 地址池的可用地址分配完后,这类租约超期的地址将被分配给 DHCP 客户端。

在 DHCP Server 上查看冲突信息。

```
< RT1 > display dhcp server conflict
IP address              Detect time
```

说明

display dhcp server conflict 命令用来查看 DHCP 的地址冲突的统计信息。

在 DHCP Server 上查看统计信息。

```
[H3C]display dhcp server statistics
    Pool number:            5
    Pool utilization:       0.79 %
    Bindings:
    Automatic:              5
    Manual:                 1
    Expired:                0
```

```
Conflict:                    0
Messages received:          18
  DHCPDISCOVER:              7
  DHCPREQUEST:              10
  DHCPDECLINE:               0
  DHCPRELEASE:               1
  DHCPINFORM:                0
  BOOTPREQUEST:              0
Messages sent:              15
  DHCPOFFER:                 7
  DHCPACK:                   7
  DHCPNAK:                   1
    BOOTPREPLY:              0
  Bad Messages:             0
```

说明

display dhcp server statistics 命令用来查看 DHCP 服务器的统计信息；主要在 DHCP 排错时使用该命令查看相关信息。

在 DHCP Server 上查看地址池具体信息。

```
[H3C]display dhcp server pool

Pool name: static - vlan60
  expired Unlimited
  gateway - list 10.1.6.254
  static bindings:
    ip - address 10.1.6.11 mask 255.255.255.0
      hardware - address 6673 - 7143 - 0b05 ethernet
Pool name: vlan10
  Network: 10.1.1.0 mask 255.255.255.0
  expired day 0 hour 1 minute 0 second 0
  gateway - list 10.1.1.254
Pool name: vlan20
  Network: 10.1.2.0 mask 255.255.255.0
  expired day 1 hour 0 minute 0 second 0
  gateway - list 10.1.2.254
Pool name: vlan60
  Network: 10.1.6.0 mask 255.255.255.0
  expired day 1 hour 0 minute 0 second 0
  gateway - list 10.1.6.254
```

说明

display dhcp server pool 命令用来查看 DHCP 地址池的树状结构信息。其显示的信息中包含地址池名称、可分配的地址范围、地址租约期限、为 DHCP 客户端分配的网关和 DNS 地址等参数。

12.7 项目常见问题

在本项目实施中，容易产生以下常见问题。

(1) 12.6.1 小节完成后，主机到三层交换机 ping 是通的，但是主机到路由器 ping 不通。

（2）12.6.3小节完成后，主机无法获取到IP地址。

（3）配置地址静态绑定的主机使用的仍是其他的该网段的IP地址。

如果遇到上述问题，则解决办法如下所示。

（1）如遇到此种情况，则很可能是路由不可达。需要在路由器和三层交换机上正确配置静态路由或者动态路由协议。

（2）请确认路由器和三层交换机上均已使能DHCP服务，确认所有PC已经配置为自动获得IP地址和自动获取DNS服务器地址；二层交换机与PC互联的端口类型配置为Access端口。

（3）解决办法是在主机的命令行界面下输入ipconfig /release，然后再输入ipconfig /renew，即可获得新的IP地址，此时的IP地址即为静态绑定的IP地址。

说明

ipconfig /release 或 ipconfig /renew 命令在网络模拟器HCL中并不支持，此方法只在真实的Windows终端上才有用，模拟器中建议重启终端即可。

12.8　项目评价

项目评价如表12-6所示。

表12-6　项目评价表

班级 _____　　　　指导教师 _____

小组 _____　　　　日　　期 _____

姓名 _____

评价项目	评价标准	评价依据	评价方式			权重	得分
			学生自评	小组互评	教师评价		
职业素养	（1）遵守企业规章制度和劳动纪律 （2）按时按质完成工作 （3）积极主动承担工作任务，勤学好问 （4）人身安全与设备安全 （5）工作岗位6S完成情况	（1）出勤 （2）工作态度 （3）劳动纪律 （4）团队协作精神				0.3	
专业能力	（1）了解DHCP的功能、作用和原理 （2）掌握DHCP协议的基本配置方法 （3）通过配置DHCP协议来解决局域网中静态配置IP的问题	（1）操作的准确性和规范性 （2）项目技术总结完成情况 （3）专业技能任务完成情况				0.5	

续表

评价项目	评 价 标 准	评 价 依 据	评 价 方 式			权重	得分
			学生自评	小组互评	教师评价		
创新能力	(1) 在任务完成过程中能提出自己的有一定见解的方案 (2) 在教学或生产管理上提出建议,具有创新性	(1) 方案的可行性及意义 (2) 建议的可行性				0.2	
合计							

12.9　项目总结

本项目涉及以下内容。

(1) DHCP 的功能和作用。

(2) DHCP 协议的基础配置。

(3) DHCP 协议分配 IP 地址的原理。

(4) DHCP 静态绑定地址池的配置。

项目总结(含技术总结、实施中的问题与对策、建议等):

12.10　项目拓展

在上述项目中,使用了两台二层交换机、一台三层交换机和一台路由器来完成网络构建。如果三层交换机的数量增加,那么实施上有什么不同? 请按照下述项目规格和拓扑图进行项目的拓展。

拓展项目的拓扑图如图 12-2 所示。RT1 是 DHCP Server,三层交换机 SW3 是 VLAN60 的网关,三层交换机 SW4 是 VLAN10 和 VLAN20 的网关;RT1 与 SW3、SW3 与 SW4 之间是三层互联;SW1 与 SW4、SW2 与 SW4 之间是二层互联。

拓展项目中涉及的设备及器材如表 12-7 所示。

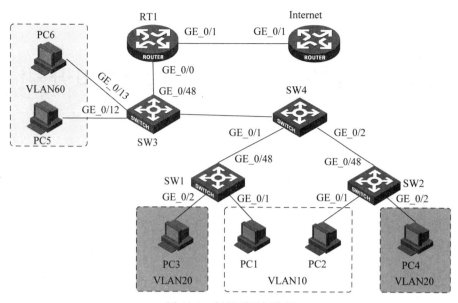

图 12-2　拓展项目拓扑图

表 12-7　设备及器材

名称和型号	版　　本	数量	描　　述
S5820V2-54QS-GE	Version 7.1	4	—
MSR36-20	Version 7.1	1 或 2	Internet 可以不用
PC	Windows	6	—
第 5 类 UTP 以太网连接线	—	11	直连网线即可

拓展项目的要求如下。

（1）配置 IP 地址及路由协议以使全网互通。

（2）配置 DHCP 以使全部 PC 都能动态获得 IP 地址，所获得的 IP 地址参数如表 12-8 所示。

表 12-8　拓展项目 IP 地址参数表

VLAN	网段/掩码	网关地址	租约时间/天	禁止分配的地址
VLAN10	172.16.1.0/24	172.16.1.254	1	172.16.1.254
VLAN20	172.16.2.0/24	172.16.2.254	1	172.16.2.254
VLAN60	172.16.6.0/24	172.16.6.254	1	172.16.6.254

网络设备的文件、用户管理和升级

通过本项目的实施,应具备以下能力。
- 掌握 H3C MSR 的常见文件管理方法;
- 掌握 H3C MSR 的软件升级方法;
- 掌握 H3C MSR 的常见用户管理方法。

13.1 项目简介

××公司网络中有一台路由器 MSR 36-20,已经运行了很长时间。在设备前期运行中没有很好地对其配置文件、软件版本和访问用户进行管理和维护。现在为了网络稳定和安全,公司决定对路由器 MSR 的配置文件、软件版本和访问用户进行统一的规划和管理。

13.2 项目任务和要求

1. 项目任务

(1) 对 H3C MSR 的文件系统进行管理。

(2) 对 H3C MSR 的配置文件进行备份。

(3) 将 H3C MSR 升级到 CMW7.10,Release 0821P18 版本。

(4) 对 H3C MSR 的访问用户进行管理。

2. 项目完成时间

4 小时。

3. 项目质量要求

(1) 完成文件系统管理。

(2) 完成对设备配置文件的备份。

(3) 完成对设备软件版本的升级。

(4) 完成对访问用户权限的管理。

4. 安全与文明(6S)

项目实施时应注意安全与文明(6S)规范,包括但不限于以下规范。

(1) 设备、模块、线缆应按类分别摆放整齐。

(2) 所使用的耗材、线头等不要随意丢弃。

(3) 接触设备、模块等电子设备时要穿戴防静电服或防静电手腕带。

(4) 非项目要求,不随意关机断电重启。

(5) 工作成果(配置文件)注意随时保存。

(6) 如果设备上有模块,则不在开机状态下进行拔插操作。

（7）保持现场干净整洁，及时清理。

13.3 项目设备及器材

本项目所需的设备及器材如表 13-1 所示。

表 13-1 设备及器材

名称和型号	版 本	数量	描 述
MSR	Version 7.10	1	—
MSR 36-20	CMW7.10，Release 0809P28	1	—
PC	Windows	1	—
Console 线缆	—	1	—
5 类双绞线	—	1	直连网线即可

13.4 项目背景

××公司网络的 H3C MSR 内有很多垃圾文件和无用的配置文件，且软件版本过老。同时，由于历史原因，公司内可对 H3C MSR 进行操作的用户过多。现在公司决定对 H3C MSR 的文件系统进行管理，删除早期的配置文件和无用目录，保存现有配置文件，创建新目录 config，将现有的配置文件复制到新的文件目录并重命名为 202210.cfg；将 H3C MSR 的软件版本升级到最新版本；对用户权限进行控制，保证只有网络管理员才拥有完整的管理权限，其他用户根据用户需求提供相应权限。

13.5 项目分析

××公司决定对 H3C MSR 的文件系统进行管理；将 H3C MSR 的软件版本升级到最新版本；并对用户权限进行控制，保证只有网络管理员才拥有完整的管理权限，其他用户根据用户需求提供相应权限。

为了完成本项目相关要求，需要用到新知识：网络设备的文件、用户管理和升级。

文件管理是指对存储设备中的文件、目录的管理，包括创建文件系统，创建、删除、修改、更名文件和目录，以及显示文件的内容。

文件系统

文件系统的主要功能为管理存储设备，把文件保存在存储设备中。路由器交换机目前主要支持的存储设备是 Flash 和 CF 卡。

在网络设备上，常见的文件主要有系统文件和配置文件两种。系统文件即启动的应用程序文件，而配置文件中保存的则是网络设备上的配置参数。

文件系统可以删除文件、恢复删除的文件、彻底删除回收站中的文件、显示文件的内容、重新命名、复制文件、移动文件、执行批处理文件、显示指定文件的信息和私有文件信息。

通常为了解决现有软件版本中的问题，或者获取新的软件特性，需要对网络设备的软件版本进行升级。在对网络设备进行软件升级前，首先需要对网络设备的当前配置文件进行保存和备份，以防止配置文件在设备升级过程中或者升级后丢失。而升级网络设备的软件版本实际上就是更换网络设备的启动文件，使网络设备以一个新的启动文件启动。下面我们先来了解一下配置文件和启动文件是什么。

1. 配置文件

配置文件为文本文件,其格式如下。

(1) 以命令格式保存。为了节省空间,只保存非默认的参数。

(2) 命令的组织以命令视图为基本框架,同一命令视图的命令组织在一起,形成一节,节与节之间通常用空行或注释行隔开(以♯开始的为注释行)。空行或注释行可以是一行或多行。

(3) 节的顺序安排通常为:全局配置、物理接口配置、逻辑接口配置、路由协议配置等。

(4) 以 return 为结束。

2. 常见操作命令

我们可以通过前面章节中介绍的 display current-configuration 命令查看路由器当前运行的配置;也可以使用 display saved-configuration 命令来查看路由器的起始配置;使用 display startup 命令可以查看系统保存的用于启动的配置文件。

```
<H3C> display startup
Current startup saved - configuration file: cfa0:/startup.cfg
Next main startup saved - configuration file: cfa0:/startup.cfg
Next backup startup saved - configuration file: NULL
```

如果要查看保存的配置文件的具体内容,可以使用 more 命令。使用 save 和 reset saved-configuration 命令可以保存或者擦除路由器的配置文件。

在有多个保存的配置文件时,可以使用 startup saved-configuration 命令设置下次启动时使用的配置文件。

3. 启动软件包的分类

启动软件包是用于引导设备启动的程序文件,按其功能可以分为以下几类。

(1) Boot 软件包(简称 Boot 包):包含 Linux 内核程序,提供进程管理、内存管理、文件系统管理等功能。

(2) System 软件包(简称 System 包):包含 Comware 内核和基本功能模块的程序,比如设备管理、接口管理、配置管理和路由模块等。

(3) Feature 软件包(简称 Feature 包):用于业务定制的程序,能够提供更丰富的业务。一个 Feature 包可能包含一种或多种业务。

(4) Patch 软件包(简称补丁包):用来修复设备软件缺陷的程序文件。补丁包与软件版本一一对应,补丁包只能修复与其对应的启动软件包的缺陷,不涉及功能的添加和删除。所以补丁包只有安装而没有升级的说法。

成员设备必须具有 Boot 包和 System 包才能正常运行,Feature 包可以根据用户需要选择安装,补丁包只在需要修复设备软件缺陷时安装。

4. 启动软件包的发布形式

启动软件包有以下两种发布形式。

(1) BIN 文件:后缀名为.bin 的文件。一个 BIN 文件就是一个启动软件包。要升级的 BIN 文件之间版本必须兼容才能升级成功。

(2) IPE(image package envelope,复合软件包套件)文件:后缀名为.ipe 的文件。它是多个软件包的集合,产品通常会将同一个版本需要升级的所有类型的软件包都压缩到一个 IPE 文件中发布。用户使用 IPE 文件升级设备时,设备会自动将它解压缩成多个 BIN 文件,并使用这些 BIN 文件来升级设备,从而能够减少启动软件包之间的版本管理问题。

5. 主/备用下次启动软件包以及软件包列表

设备下次启动时使用的软件包称为下次启动软件包。用户可通过命令行将本设备存储介质上的某个软件包指定为设备的下次启动软件包,并指定软件包的属性为主用或者备用。被指定为主用属性的软件包称为主用下次启动软件包,被指定为备用属性的软件包称为备用下次启动软件包。

(1) 设备会将所有具有主用属性的软件包的名称存储在主用启动软件包列表中,将所有具有备用属性的软件包的名称存储在备用启动软件包列表中。

(2) 当设备启动时,优先使用主用启动软件包列表中的软件包,如果主用启动软件包列表中软件包不存在或者不可用,则再使用备用启动软件包列表中的软件包。

在用户视图或者系统视图下,我们均可以使用 display boot-loader 命令来显示 CF 卡中相关的启动文件。

```
<H3C> display boot - loader
Software images on the device:
Current software images:
  cfa0:/msr36 - cmw710 - boot - r0809p28.bin
  cfa0:/msr36 - cmw710 - system - r0809p28.bin
Main startup software images:
  cfa0:/msr36 - cmw710 - boot - r0809p28.bin
  cfa0:/msr36 - cmw710 - system - r0809p28.bin
Backup startup software images:
  cfa0:/msr36 - cmw710 - boot - r0809p28.bin
  cfa0:/msr36 - cmw710 - system - r0809p28.bin
```

在上面的信息中,Current software images 表示为当前使用的系统文件,Main startup software images 表示下一次启动时的主用文件,Backup startup software images 表示下一次启动时的备用文件。

注意

当应用程序文件未指定文件类型时,则为 N/A 类型;当指定应用程序文件既为主程序文件,又为备用程序文件时,则为 M+B 类型。

仅有类型为 M、B 的应用程序可以用于系统启动,其他类型的应用程序不会被用于系统启动。

存储的应用程序文件名可以在应用程序启动后通过命令行修改;类型为 M、B 或 N/A 的应用程序的文件类型可以在 BootWare 菜单中修改,也可以在应用程序启动后通过命令修改。

M、B 类型的文件在每个设备上同时最多存在一个。如:Flash 中有一个 Boot 软件包文件为 M+B 类型,那么就不可能存在其他的类型为 M 或者 B 的 Boot 软件包文件;若另一个 Boot 软件包文件的类型被改为 B,那么以前的 M+B 类型的 Boot 软件包文件就变成 M 类型的文件了。

在 BootWare 菜单中也可以对主文件和备份文件进行操作,关于 BootWare 的详细描述请参见 BootWare 菜单。

最后是对用户权限进行控制,保证只有网络管理员才拥有完整的管理权限,其他用户根据用户需求提供相应权限。对用户权限的控制实际就是对用户优先级的控制。那么什么是用户

优先级别呢？

用户优先级别是指系统可以对超级终端用户和 Telnet 用户进行分级管理。与命令的优先级一样，用户的优先级级别标识为 0～15，用户级别及相应权限范围描述详见表 13-2。用户所能访问命令的级别，由用户的级别确定。如果不对用户进行认证或采用 password 认证的情况下，登录到路由器的用户所能访问的命令级别由登录所使用的用户界面的级别确定。

表 13-2　用户级别与权限范围描述

级　别	权　限　范　围
level-0	可执行命令 ping、tracert、ssh2、telnet 和 super，且管理员可以为其配置权限
level-1	具有 level-0 用户角色的权限，并且可执行系统所有功能和资源的相关 display 命令（除 display history-command all 之外），以及管理员可以为其配置权限
level-2 ~ level-8 和 level-10~ level-14	无默认权限，需要管理员为其配置权限
level-9	可操作系统中绝大多数的功能和所有的资源，且管理员可以为其配置权限，但不能操作 display history-command all 命令、RBAC 的命令（debug 命令除外）、文件管理、设备管理以及本地用户特性；对于本地用户，若用户登录系统并被授予该角色，可以修改自己的密码
level-15	具有与 network-admin 角色相同的权限

注意

用户所能访问的命令包括用户级别的命令以及低于用户级别的命令，例如用户的级别为 level-2，则用户可以访问级别为 level-0、level-1、level-2 的命令。

13.6　项目实施

通过以上分析，××公司要求将 H3C MSR 的文件系统进行管理，要求删除早期的配置文件和无用目录，保存并备份现有配置文件，创建新目录 config，将现有的配置文件复制到新的文件目录并重命名为 202210.cfg；管理员决定对 H3C MSR 的文件系统进行管理；将 H3C MSR 的软件版本升级到最新版本；并对用户权限进行控制，保证只有网络管理员才拥有完整的管理权限，其他用户根据用户需求提供相应权限。具体的实施过程包括：删除 H3C MSR 文件系统中的早期配置文件；删除 H3C MSR 文件系统中的无用目录；在 H3C MSR 文件系统中创建新的目录；保存并查看 H3C MSR 的现有配置；对 H3C MSR 的配置文件进行复制和重命名操作；备份 H3C MSR 的配置文件；升级 H3C MSR 的软件版本；管理 H3C MSR 的访问用户的权限。

13.6.1　管理 H3C MSR 文件系统中的早期配置文件

××公司要求将 H3C MSR 的文件系统进行管理，要求删除早期的配置文件和无用目录，保存现有配置文件，创建新目录 config，将现有的配置文件复制到新的文件目录并重命名为 202210.cfg。

首先查看文件系统的目录信息，确认需要删除的文件名称和目录名称。我们可以通过在用户视图下，输入 dir 命令来查看文件系统的目录信息。

```
< H3C > dir
Directory of cfa0: (VFAT)
     0  - rw -              0 Aug 05 2020 16:12:24    1.txt
     1  - rw -          72830 Aug 05 2020 16:00:06    122.zip
     2  drw -           2815 Sep 10 2020 13:49:30    abc
     3  - rw -              0 Aug 24 2020 16:44:50    MSR36 - CMW710 - R0809P28.ipe
     4  - rw -         453633 Oct 10 2020 07:57:19    bendi.zip
     5  drw -              - Mar 17 2018 13:32:52    diagfile
     6  drw -              - Sep 10 2020 13:53:42    license
     7  drw -              - Aug 09 2018 19:17:16    logfile
     8  - rw -        8839168 Sep 09 2020 18:15:40    msr36 - cmw710 - boot - r0809P28.bin
     9  - rw -        3652608 Sep 09 2020 18:16:46    msr36 - cmw710 - data - r0809P28.bin
    10  - rw -         545792 Sep 09 2020 18:16:44    msr36 - cmw710 - security - r0809P28.bin
    11  - rw -       82759680 Sep 09 2020 18:15:48    msr36 - cmw710 - system - r0809P28.bin
    12  - rw -        1299456 Sep 09 2020 18:16:46    msr36 - cmw710 - voice - r0809P28.bin
    13  drw -              - Mar 17 2018 13:32:52    seclog
    14  - rw -           3183 Sep 13 2020 17:43:20    202010.cfg
    15  - rw -         102381 Sep 13 2020 17:43:22    202010.mdb

252164 KB total (155876 KB free)
```

在上例中,dir 命令显示出的第一列为编号;第二列为属性,drw-为文件夹目录,-rw-为可读写文件;第三列为文件大小。通过属性列,可看出 diagfile 实际是一个文件夹。

设备出厂时会携带一些文件夹及文件,在运行过程中可能会自动产生一些文件夹或文件,这些常见的文件夹包括以下几种。

(1) diagfile:用于存放诊断信息文件的文件夹。

(2) license:用于存放许可证文件的文件夹。

(3) logfile:用于存放日志文件的文件夹。

(4) seclog:用于存放安全日志文件的文件夹。

(5) versioninfo:用于存放版本信息文件的文件夹。

(6) 其他名称的文件夹。

常见的文件类型包括以下几种。

(1) xx.ipe:复合软件包套件,是启动软件包的集合。

(2) xx.bin:启动软件包。

(3) xx.cfg:配置文件。

(4) xx.mdb:二进制格式的配置文件。

(5) xx.log:用于存放日志的文件。

(6) 其他后缀的文件。

从上面的信息中可以看出,目前在 CF 卡的文件系统中包含 1 个复合软件包套件(后缀为.ipe)、若干系统启动文件(后缀为.bin)、2 个配置文件(后缀为.cfg 和.mdb)、1 个日志文件目录(logfile)、1 个诊断信息文件目录(diagfile)和其他若干文件夹及文件(例如自定义的 1.txt 等),CF 卡的大小为 252164KB(256MB),可用空间为 155876KB。可以删除的文件和文件目录分别是配置文件 202010.cfg 和自定义的文件目录 abc,自定义的文件如 1.txt,122.zip 等。我们使用 delete 命令在文件系统中删除 202010.cfg。

```
< H3C > delete 202010.cfg
Delete cfa0:/ 202010.cfg?[Y/N]:y
 % Delete file cfa0:/ 202010.cfg...Done.
```

出于安全上的考虑,仅使用 delete 删除的文件将会被放到"回收站"中。

使用 dir /all 命令来显示当前目录下所有的文件及子文件夹信息,显示内容包括非隐藏文件、非隐藏文件夹、隐藏文件和隐藏子文件夹,回收站文件夹名为". trash",可以通过命令 dir /all.trash 来查看回收站内有哪些文件。

```
<H3C> dir /all
Directory of cfa0: (VFAT)
   0 - rw -            0 Aug 05 2020 16:12:24    1.txt
   1 - rw -        72830 Aug 05 2020 16:00:06    122.zip
   2 drw -          2815 Sep 10 2020 13:49:30    abc
   3 - rw -            0 Aug 24 2020 16:44:50    MSR36 - CMW710 - R0809P28.ipe
   4 - rw -       453633 Oct 10 2020 07:57:19    bendi.zip
   5 drw -             - Mar 17 2018 13:32:52    diagfile
   6 drw -             - Sep 10 2020 13:53:42    license
   7 drw -             - Aug 09 2018 19:17:16    logfile
   8 - rw -      8839168 Sep 09 2020 18:15:40    msr36 - cmw710 - boot - r0809P28.bin
   9 - rw -      3652608 Sep 09 2020 18:16:46    msr36 - cmw710 - data - r0809P28.bin
  10 - rw -       545792 Sep 09 2020 18:16:44    msr36 - cmw710 - security - r0809P28.bin
  11 - rw -     82759680 Sep 09 2020 18:15:48    msr36 - cmw710 - system - r0809P28.bin
  12 - rw -      1299456 Sep 09 2020 18:16:46    msr36 - cmw710 - voice - r0809P28.bin
  13 drw -             - Mar 17 2018 13:32:52    seclog
  14 - rw -       102381 Sep 13 2020 17:43:22    202010.mdb
  15 drwh              - Sep 10 2020 13:54:34    .patch
  16 - rwh           20 Sep 16 2020 16:04:48    .snmpboots
  17 drwh              - Oct 26 2020 10:10:46    .trash

252164 KB total (155876 KB free)

<H3C> dir /all .trash
Directory of cfa0:/.trash
   0 - rw -         3183 Oct 10 2020 07:57:19    202010.cfg 0001
   1 - rwh           92 Oct 26 2020 10:10:46    .trashinfo
252164 KB total (155876 KB free)
```

此时虽然删除该文件,但是在删除该文件前后,CF 卡的可用内存空间并未增大甚至反而会减小。那是因为使用 delete 命令删除文件时,创建了回收站文件夹,添加的一些标记会占用存储空间,且被删除的文件仍会被保存在回收站中占用存储空间。如果用户经常使用该命令删除文件,则可能导致设备的存储空间不足。如果要彻底删除回收站中的某个废弃文件,则必须在文件的原归属目录下执行 reset recycle-bin 命令,才可以将回收站中的废弃文件彻底删除,以回收存储空间。

说明

放到回收站中的文件仍然会占用 CF 卡的存储空间。放入回收站的文件可以使用 undelete 命令,恢复删除,如下所示。

```
<H3C>undelete 202010.cfg
Undelete cfa0: /202010.cfg?[Y/N]: y
% Undeleted file cfa0: /202010.cfg.
```

那么如何彻底删除文件呢? 可先使用 delete 命令删除文件,再使用 reset recycle-bin 命令清空回收站。

```
<H3C> delete 202010.cfg
Delete cfa0:/ 202010.cfg?[Y/N]:y
% Delete file cfa0:/ 202010.cfg...Done.
<H3C> reset recycle-bin /force
Clear cfa0:/～/202010.cfg ?[Y/N]:y
% Cleared file cfa0:/～/202010.cfg.
```

注意

上述命令中的"/force"参数表示删除回收站中的所有文件。在执行上述命令时，需要确认回收站中的确有文件存在，如果没有任何文件存在系统会提示 The recycle-bin is empty（回收站是空的）。

完成之后使用 dir /all .trash 命令查看回收站文件目录信息如下：

```
<H3C> dir /all .trash
Directory of cfa0:/.trash
   0 -rwh         0 Oct 26 2020 10:41:56    .trashinfo

252164 KB total (155880 KB free)
```

我们发现回收站文件系统中已经没有文件 202010.cfg 了，它被彻底删除了。同时 CF 卡的可用内存空间也增大了。

接下来使用同样的方法删除 1.txt、122.zip、202010.mdb 等文件，并清空回收站。

说明

另一种彻底删除文件的方法是在删除文件时加上"/unreserved"参数，如下所示。

```
<H3C>delete /unreserved 202010.cfg
The contents cannot be restored!!! Delete cfa0: /202010.cfg?[Y/N]: y
% Delete file cfa0: /202010.cfg...Done.
```

13.6.2　删除 H3C MSR 文件系统中的无用目录

根据项目要求，在 H3C MSR 的文件系统中使用 rmdir 命令删除自定义的文件目录 abc，具体命令如下：

```
<H3C> rmdir abc
Remove directory cfa0:/abc and the files in the recycle-bin under this directory will be deleted permanently. Continue? [Y/N]:y
% Removing directory cfa0:/abc... Done.
```

完成后在路由器上使用 dir 命令查看文件目录信息如下：

```
<H3C> dir
Directory of cfa0: (VFAT)
   0 -rw-         0 Aug 24 2020 16:44:50    MSR36-CMW710-R0809P28.ipe
   1 drw-         - Mar 17 2018 13:32:52    diagfile
   2 drw-         - Sep 10 2020 13:53:42    license
   3 drw-         - Aug 09 2018 19:17:16    logfile
   4 -rw-   8839168 Sep 09 2020 18:15:40    msr36-cmw710-boot-r0809P28.bin
```

```
  5 - rw -        3652608 Sep 09 2020 18:16:46    msr36 - cmw710 - data - r0809P28.bin
  6 - rw -         545792 Sep 09 2020 18:16:44    msr36 - cmw710 - security - r0809P28.bin
  7 - rw -       82759680 Sep 09 2020 18:15:48    msr36 - cmw710 - system - r0809P28.bin
  8 - rw -        1299456 Sep 09 2020 18:16:46    msr36 - cmw710 - voice - r0809P28.bin
  9 drw -              -  Mar 17 2018 13:32:52     seclog

252164 KB total (156436 KB free)
```

我们可以发现在文件系统中被删除的自定义文件目录 abc 已经不存在了。

13.6.3 在 H3C MSR 文件系统中创建新的目录

根据项目需求,在 H3C MSR 的文件系统中使用 mkdir 命令创建目录 config,具体命令如下:

```
< H3C > mkdir config
% Created dir cfa0:/config.
```

完成后在路由器上使用 dir 命令查看文件目录信息如下:

```
< H3C > dir
Directory of cfa0: (VFAT)
  0 - rw -              0 Aug 24 2020 16:44:50    MSR36 - CMW710 - R0809P28.ipe
  1 drw -              -  Mar 17 2018 13:32:52     diagfile
  2 drw -              -  Oct 26 2020 11:00:38     config
  3 drw -              -  Sep 10 2020 13:53:42     license
  4 drw -              -  Aug 09 2018 19:17:16     logfile
  5 - rw -        8839168 Sep 09 2020 18:15:40    msr36 - cmw710 - boot - r0809P28.bin
  6 - rw -        3652608 Sep 09 2020 18:16:46    msr36 - cmw710 - data - r0809P28.bin
  7 - rw -         545792 Sep 09 2020 18:16:44    msr36 - cmw710 - security - r0809P28.bin
  8 - rw -       82759680 Sep 09 2020 18:15:48    msr36 - cmw710 - system - r0809P28.bin
  9 - rw -        1299456 Sep 09 2020 18:16:46    msr36 - cmw710 - voice - r0809P28.bin
 10 drw -              -  Mar 17 2018 13:32:52     seclog

252164 KB total (156436 KB free)
```

通过输出的信息,我们发现在文件系统中增加了一个名称为 config 的目录。此时,可以使用相关命令对我们刚刚创建的目录 config 进行操作,具体命令如下所示。

(1) 进入文件目录 config。

```
< H3C > cd config
```

(2) 查看当前的工作目录。

```
< H3C > pwd
cfa0:/config
```

(3) 从当前目录退回根目录。

```
< H3C > cd cfa0:
```

13.6.4 保存并查看 H3C MSR 的现有配置

根据项目需求,在 H3C MSR 的文件系统中使用 save 命令保存路由器当前的配置,具体命令如下:

```
<H3C>save
The current configuration will be written to the device. Are you sure? [Y/N]:y
Please input the file name( * .cfg)[cfa0:/startup.cfg]
(To leave the existing filename unchanged, press the enter key):
 Validating file. Please wait...
 Configuration is saved to device successfully.
```

然后在路由器上使用 dir 命令查看文件目录信息如下：

```
<H3C>dir
Directory of cfa0: (VFAT)
   0  - rw -           0 Aug 24 2020 16:44:50   MSR36 - CMW710 - R0809P28.ipe
   1  drw -            - Mar 17 2018 13:32:52   diagfile
   2  drw -            - Oct 26 2020 11:00:38   config
   3  drw -            - Sep 10 2020 13:53:42   license
   4  drw -            - Aug 09 2018 19:17:16   logfile
   5  - rw -     8839168 Sep 09 2020 18:15:40   msr36 - cmw710 - boot - r0809P28.bin
   6  - rw -     3652608 Sep 09 2020 18:16:46   msr36 - cmw710 - data - r0809P28.bin
   7  - rw -      545792 Sep 09 2020 18:16:44   msr36 - cmw710 - security - r0809P28.bin
   8  - rw -    82759680 Sep 09 2020 18:15:48   msr36 - cmw710 - system - r0809P28.bin
   9  - rw -     1299456 Sep 09 2020 18:16:46   msr36 - cmw710 - voice - r0809P28.bin
  10  drw -            - Mar 17 2018 13:32:52   seclog
  11  - rw -        2179 Oct 26 2022 11:28:29   startup.cfg
  12  - rw -       32087 Oct 26 2022 11:28:29   startup.mdb

252164 KB total (156402 KB free)
```

发现在文件系统中增加了文件名为 startup.cfg 及 startup.mdb 的配置文件，上面信息中加粗部分的 2179 表示文件的大小，其单位为 Byte。

我们可以通过 more 命令在文件系统中查看配置文件的具体内容，具体命令如下所示（部分显示内容省略）。

```
<H3C>more startup.cfg
#
 version 7.1.064, Release 0809P28
#
 sysname H3C
#
 system - working - mode standard
 xbar load - single
 password - recovery enable
 lpu - type f - series
#
vlan 1
#
interface Serial1/0
...
```

思考

使用 display current-configuration 命令和使用 more 命令有什么区别？两种方式查看到的信息有什么差别？为什么？

13.6.5　对 H3C MSR 的配置文件进行复制和重命名操作

根据项目需求,在 H3C MSR 的文件系统中使用 copy 命令复制保存的配置文件粘贴到新建的文件目录 config 中,具体命令如下:

```
< H3C > copy startup.cfg config/
Copy cfa0:/ startup.cfg to cfa0:/config/ startup.cfg?[Y/N]:y

% Copy file cfa0:/ startup.cfg to cfa0:/config/ startup.cfg...Done.
```

复制、粘贴完成之后,在根目录下用 dir 命令查看文件目录信息如下:

```
< H3C > dir
Directory of cfa0: (VFAT)
    0  - rw -          0 Aug 24 2020 16:44:50    MSR36 - CMW710 - R0809P28.ipe
    1 drw -            - Mar 17 2018 13:32:52    diagfile
    2 drw -            - Oct 26 2020 11:00:38    config
    3 drw -            - Sep 10 2020 13:53:42    license
    4 drw -            - Aug 09 2018 19:17:16    logfile
    5  - rw -    8839168 Sep 09 2020 18:15:40    msr36 - cmw710 - boot - r0809P28.bin
    6  - rw -    3652608 Sep 09 2020 18:16:46    msr36 - cmw710 - data - r0809P28.bin
    7  - rw -     545792 Sep 09 2020 18:16:44    msr36 - cmw710 - security - r0809P28.bin
    8  - rw -   82759680 Sep 09 2020 18:15:48    msr36 - cmw710 - system - r0809P28.bin
    9  - rw -    1299456 Sep 09 2020 18:16:46    msr36 - cmw710 - voice - r0809P28.bin
   10 drw -            - Mar 17 2018 13:32:52    seclog
   11  - rw -       2179 Oct 26 2022 11:28:29    startup.cfg
   12  - rw -      32087 Oct 26 2022 11:28:29    startup.mdb

252164 KB total (156400 KB free)
```

然后进入 config 目录,并在 config 目录下用 dir 命令查看文件目录信息如下:

```
< H3C > cd config
< H3C > dir
Directory of cfa0:/config
    0  - rw -       2179 Oct 26 2022 14:22:37    startup.cfg

252164 KB total (156400 KB free)
```

对比在根目录下和 config 目录下分别使用 dir 命令查看到的信息,发现通过执行上述的 copy startup.cfg config/命令将根目录下 startup.cfg 文件复制、粘贴到了 config 文件夹之中。

思考

如果这里不使用 copy 命令而是使用 move 命令,结果会有什么不同?

根据项目需求,完成上述操作后,进入 config 目录,通过 rename 命令将该目录下文件 startup.cfg 重命名为 202210.cfg。具体命令如下:

```
< H3C > cd config/
< H3C > rename startup.cfg 202210.cfg
Rename cfa0:/startup.cfg to cfa0:/ 202210.cfg?[Y/N]:y
% Renamed file cfa0:/startup.cfg to cfa0:/ 202210.cfg.
```

完成之后在 config 目录下用 dir 命令查看文件目录信息如下:

```
<H3C>cd config/
<H3C>dir
Directory of cfa0:/config
    0  -rw-    2179 Oct 26 2022 14:22:37    202210.cfg

252164 KB total (156400 KB free)
```

对比 rename 命令执行前后使用 dir 命令查看到的信息可发现:通过执行上述的 rename startup.cfg 202210.cfg 命令将文件 startup.cfg 重命名为 202210.cfg。

13.6.6 备份 H3C MSR 的配置文件

配置文件可以通过以下两种方法备份。

(1) 通过 display current-configuration 命令显示并复制。

使用 display current-configuration 命令可以显示路由器的所有配置(默认配置除外)。在超级终端中,复制其中所有的配置显示内容粘贴到一个文本文件中,就可以备份配置文件。

(2) 通过 FTP 备份。

通过 FTP 备份配置文件的方法是以路由器作为 FTP Server,将路由器上的配置文件下载到 PC(FTP Client)上。

在图 13-1 中,路由器通过以太口 GE0/0 和 PC 相连,路由器上的以太口 GE0/0 的 IP 地址为 192.168.1.1/24,PC 的 IP 地址为 192.168.1.2/24(使用 HCL 模拟器中的 Host 连接本地终端)。

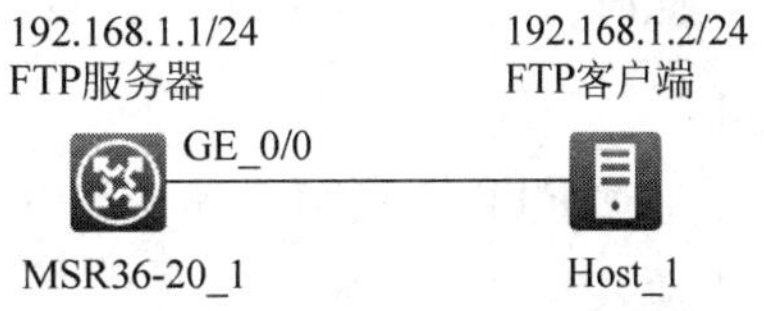

首先在路由器上保存配置如下:

图 13-1 MSR 作为 FTP 服务器进行备份

```
<H3C>save
The current configuration will be written to the device. Are you sure? [Y/N]:y
Please input the file name( * .cfg)[cfa0:/startup.cfg]
(To leave the existing filename unchanged, press the enter key):
Validating file. Please wait...
Configuration is saved to device successfully.
```

然后在路由器上使能 FTP Server 并增加 FTP 用户,详细配置如下:

```
#进入全局模式
<H3C>system-view
System View: return to User View with Ctrl+Z.
#配置路由器 IP 地址
[H3C]interface GigabitEthernet 0/0
[H3C-GigabitEthernet0/0]ip add 192.168.1.1 24

#使能 FTP Server
[H3C]ftp server enable

#创建本地用户
[H3C]local-user admin
#配置本地用户密码
[H3C-luser-manage-admin]password simple h3cl012345
```

＃配置本地用户优先级为 network‐admin

[H3C‐luser‐manage‐admin] authorization‐attribute user‐role network‐admin

＃配置本地用户的服务类型为 FTP

[H3C‐luser‐manage‐admin]service‐type ftp

现在我们在 PC 上可以直接利用 FTP 客户端登录到 FTP Server 上(用户名：admin,密码：h3c1012345)并下载配置文件。

在 PC 的命令行下做如下操作。

```
C:\Users\Document > ftp 192.168.1.1
连接到 192.168.1.1.
220 FTP service ready.
502 Command not implemented.
用户(192.168.1.1:(none)): admin
331 Password required for admin.
密码:
230 User logged in.
ftp > get startup.cfg
200 PORT command successful
150 Connecting to port 52626
226 File successfully transferred
ftp: 收到 2304 字节,用时 0.00 秒 2304000.00 千字节/秒。
```

此时已经把文件 startup.cfg 下载到了本地终端,可以到 C:\Users\Document 进行查找。

注意

通过 FTP 下载的方式,我们可以下载路由器上包括配置文件和系统文件在内的所有文件。

13.6.7　升级 H3C MSR 的软件版本

××公司要求将 H3C MSR36-20 的软件版本升级到 CMW7.10,Release 0821P18 版本。首先需要到 H3C 官网下载相应的软件包,版本下载位置在新华三官网(www.h3c.com.cn)"产品支持与服务"→"文档与软件"→"软件下载"菜单下,找到相应设备匹配版本要求的软件包下载解压后获取升级文件 MSR36-CMW710-R0821P18.ipe,并把该文件复制到 C:\Users\Document 文件夹,当然其他文件夹也是可以的,放在此文件夹仅仅是为了操作方便。

而路由器软件版本的升级工具主要有 FTP 和 TFTP 两种。

1. 使用 FTP 升级路由器软件

使用 FTP 升级路由器软件的方法是以路由器为 FTP Server,用户从 PC 登录到 FTP Server,使用 put 命令上传文件。路由器的相关配置方法可以参考 13.6.6 小节。

在 PC 上选择"运行",输入 cmd 然后按 Enter 键,具体操作命令如下:

```
C:\Users\Document > ftp 192.168.1.1
连接到 192.168.1.1。
220 FTP service ready.
502 Command not implemented.
用户(192.168.1.1:(none)): admin
331 Password required for admin.
密码:
```

```
230 User logged in.
ftp > put MSR36 - CMW710 - R0821P18.ipe
200 PORT command successful
150 Connecting to port 49735
226 File successfully transferred
ftp: 发送 97104896 字节，用时 7.37 秒 13172.12 千字节/秒。
```

当看到如上所示的信息时表示系统文件已经写入完毕，可在路由器上使用 dir 命令查看文件目录。

```
< H3C > dir
Directory of cfa0: (VFAT)
  0 - rw -          0 Aug 24 2020 16:44:50  MSR36 - CMW710 - R0809P28.ipe
  1 - rw -   96726955 Oct 28 2022 18:30:15  MSR36 - CMW710 - R0821P18.ipe
  2 drw -          - Mar 17 2018 13:32:52  diagfile
  3 drw -          - Oct 26 2020 11:00:38  config
  4 drw -          - Sep 10 2020 13:53:42  license
  5 drw -          - Aug 09 2018 19:17:16  logfile
  6 - rw -    8839168 Sep 09 2020 18:15:40  msr36 - cmw710 - boot - r0809P28.bin
  7 - rw -    3652608 Sep 09 2020 18:16:46  msr36 - cmw710 - data - r0809P28.bin
  8 - rw -     545792 Sep 09 2020 18:16:44  msr36 - cmw710 - security - r0809P28.bin
  9 - rw -   82759680 Sep 09 2020 18:15:48  msr36 - cmw710 - system - r0809P28.bin
 10 - rw -    1299456 Sep 09 2020 18:16:46  msr36 - cmw710 - voice - r0809P28.bin
 11 drw -          - Mar 17 2018 13:32:52  seclog
 12 - rw -       2179 Oct 26 2022 11:28:29  startup.cfg
 13 - rw -      32087 Oct 26 2022 11:28:29  startup.mdb

252164 KB total (59296 KB free)
```

加粗部分为刚刚上传的系统文件。在路由器的系统视图下使用 boot-loader file 命令指定下次的启动系统文件为新升级的软件版本。

```
< H3C > boot - loader file cfa0:/MSR36 - CMW710 - R0821P18.ipe main
Verifying the file cfa0:/MSR36 - CMW710 - R0821P18.ipe on slot 1...Done.
H3C MSR3620 images in IPE:
    msr36 - cmw710 - boot - r0821p18.bin
    msr36 - cmw710 - data - r0821p18.bin
    msr36 - cmw710 - security - r0821p18.bin
    msr36 - cmw710 - system - r0821p18.bin
    msr36 - cmw710 - voice - r0821p18.bin
This command will set the main startup software images. Continue? [Y/N]:y
Add images to slot 1.
Verifying the file cfa0:/msr36 - cmw710 - boot - r0821p18.bin on slot 1...Done.
Verifying the file cfa0:/msr36 - cmw710 - data - r0821p18.bin on slot 1...Done.
Verifying the file cfa0:/msr36 - cmw710 - security - r0821p18.bin on slot 1...Done.
Verifying the file cfa0:/msr36 - cmw710 - system - r0821p18.bin on slot 1...Done.
Verifying the file cfa0:/msr36 - cmw710 - voice - r0821p18.bin on slot 1...Done.
The images that have passed all examinations will be used as the main startup software images at the next reboot.
Decompression completed.
```

然后在用户视图下使用 reboot 命令重新启动路由器即可使用新的软件版本。升级完成后可以把老版本的系统软件全部删除。

2. 使用 TFTP 升级路由器软件版本

TFTP(trivial file transfer protocol)是一种简单文件传输协议。相对于另一种文件传输协议 FTP,TFTP 不具有复杂的交互存取接口和认证控制,适用于客户机和服务器之间不需要复杂交互的环境,例如,在系统启动时,使用 TFTP 协议来获取系统的内存映像。TFTP 协议一般在 UDP 的基础上实现。

TFTP 传输是由客户端发起的。当需要下载文件时,先由客户端向 TFTP 服务器发送读请求包,然后从服务器接收数据包,并向服务器发送确认;当需要上传文件时,先由客户端向 TFTP 服务器发送写请求包,然后向服务器发送数据包,并接收服务器的确认。路由器提供了 TFTP 客户端的功能。

下面介绍如何将路由器上的配置文件下载到 PC(TFTP Server)上。

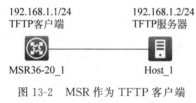

192.168.1.1/24
TFTP客户端
MSR36-20_1

192.168.1.2/24
TFTP服务器
Host_1

图 13-2　MSR 作为 TFTP 客户端
升级软件版本

如图 13-2 所示,在 HCL 中按照如下方式搭建实验环境:路由器通过以太口 GE0/0 和 PC 相连,路由器上的以太口 GE0/0 的 IP 地址为 192.168.1.1/24,PC 的 IP 地址为 192.168.1.2/24(使用 HCL 模拟器中的 Host 连接本地终端)。路由器作为 TFTP 客户端,在本地终端上安装 TFTP Server 软件作为 TFTP 服务器。

本实验以 3CDaemon 程序(可自行下载)作为 TFTP 的服务器端为例介绍。如图 13-3 所示,设置 TFTP Server 参数,选择当前用于上传和下载的本地目录。

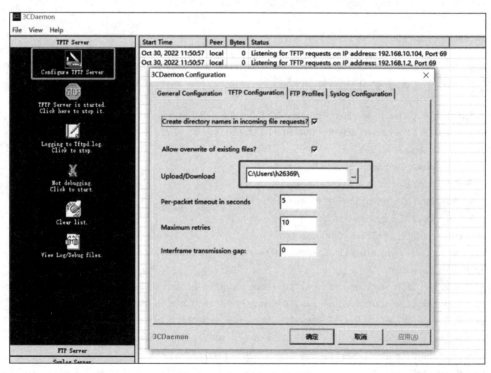

图 13-3　TFTP 服务器设置

此时配置 PC 为 TFTP 服务器成功。在路由器的用户视图下使用 tftp 命令下载软件版本,详细的配置如下:

```
<H3C>tftp 192.168.1.2 get MSR36 - CMW710 - R0821P18.ipe
Press CTRL + C to abort.
  % Total   % Received % Xferd  Average  Speed  Time     Time     Time     Current
                                Dload    Upload Total    Spent    Left     Speed
100 92.6M  100 92.6M    0     0  144k      0    0:10:55  0:10:55  -- :-- :--   193k
Writing file...Done.
```

在路由器的系统视图下使用 boot-loader file 命令指定下次的启动系统文件为新升级的软件版本,并重启设备完成升级即可。

13.6.8 管理 H3C MSR 的访问用户的权限

××公司要求对登录 H3C MSR 的用户进行控制,实现账号名称、类型和权限的明细化,具体的用户信息要求如表 13-3 所示。

表 13-3 用户信息要求

用户类型	用户名称	用户密码	服务类型	用户权限	超时断开时长
Console 用户	无	H3CL012345	Terminal	Network-admin	8 分钟
Telnet 用户	h3c	H3CL012345	Telnet	Network-operator	5 分钟
SSH 用户	h3cadmin	H3CL012345	SSH	Network-operator	5 分钟
FTP 用户	admin	H3CL012345	FTP	Network-admin	未涉及
网络管理员	Administrator	Admin-H3C	All	Network-admin	无

服务类型

从用户所获得的服务角度,可以将路由器的服务类型划分为以下几种。

(1) Terminal 类型:通过 Console 口或 Aux 口、异步口登录到路由器。

(2) Telnet 类型:使用 telnet 命令登录到路由器。

(3) FTP 类型:与路由器建立 FTP 连接进行文件传输。

(4) PPP 类型:与路由器建立 PPP 连接(例如拨号、PPPoE 等),从而访问网络。

(5) SSH 类型:与路由器建立 SSH 连接,从而访问网络。

一个用户可以同时获得几种服务类型,这样只需一个用户便可以执行多种功能。

1. 配置 Console 用户

根据××公司对 Console 用户的要求,在路由器上详细的配置命令如下:

```
#进入全局模式
<H3C>system - view
System View: return to User View with Ctrl + Z.
#进入 Console 口的用户接口视图
[H3C]user - interface console 0
#配置验证模式为只验证密码
[H3C - line - console0]authentication - mode password
#配置用于验证用户的密码为"H3CL012345"
[H3C - line - console0]set authentication password simple H3CL012345
#配置用户优先级别为管理员级别
```

[H3C-line-console0]user-role network-admin
配置登录超时时间为 8 分钟
[H3C-line-console0] idle-timeout 8

配置完成后,连接设备的 Console 口登录设备并进行验证,确认是否满足要求。

验证模式

在配置验证模式时有三个可选参数。

[H3C-line-console0]authentication-mode ?
  none   Login without checking
  password Authentication use password of user terminal interface
  scheme   Authentication use AAA

如上所示,none 表示不认证;关键字 password 表示认证不需用户名,只需密码;scheme 表示使用 AAA 配置的认证方案进行认证(包括本地认证方案和 RADIUS 认证,具体认证方案由 scheme 命令来指定)。

2. 配置 Telnet 用户

根据××公司对 Telnet 用户的要求,MSR 路由器上的详细配置命令如下:

进入全局模式
<H3C> system-view
System View: return to User View with Ctrl+Z.

开启设备 Telnet 服务
[H3C] telnet server enable
进入用户接口视图
[H3C] line vty 0 4
配置验证模式为用户名+密码
[H3C-line-vty0-4]authentication-mode scheme
配置登录超时时间为 5 分钟
[H3C-line-vty0-4] idle-timeout 5
创建本地用户 h3c
[H3C]local-user h3c
为本地用户 h3c 配置密码
[H3C-luser-manage-h3c]password simple H3CL012345
为本地用户 h3c 配置服务类型为 Telnet
[H3C-luser-manage-h3c]service-type telnet
为本地用户 h3c 配置用户角色等级
[H3C-luser-manage-h3c] authorization-attribute user-role network-operator

配置完成后,使用本地用户 h3c 通过 Telnet 登录设备并进行验证,确认是否满足要求。

3. 配置 SSH 用户

根据××公司对 SSH 用户的要求,在 MSR 路由器上的详细配置命令如下:

进入全局模式
<H3C> system-view
System View: return to User View with Ctrl+Z.
开启设备 SSH 服务
[H3C] ssh server enable
进入用户接口视图

```
[H3C] line vty 0 4
#配置验证模式为用户名＋密码
[H3C－line－vty0－4]authentication－mode scheme
#配置登录超时时间为5分钟
[H3C－line－vty0－4] idle－timeout 5
#创建本地用户 h3cadmin
[H3C]local－user h3cadmin
#为本地用户 h3cadmin 配置密码
[H3C－luser－manage－h3cadmin]password simple H3CL012345
#为本地用户 h3cadmin 配置服务类型为 SSH
[H3C－luser－manage－h3cadmin]service－type ssh
#为本地用户 h3cadmin 配置用户角色等级
[H3C－luser－manage－h3cadmin] authorization－attribute user－role network－operator
```

配置完成后,使用本地用户 h3cadmin 通过 SSH 访问设备并进行验证,确认是否满足要求。

4. 配置 FTP 用户

根据对 FTP 用户的要求,在 MSR 路由器上的详细配置命令如下:

```
<H3C> system－view
System View: return to User View with Ctrl＋Z.
#开启设备 FTP 服务
[H3C] ftp server enable
#创建本地用户 admin
[H3C]local－user admin
#为本地用户 admin 配置密码
[H3C－luser－manage－admin]password simple H3CL012345
#为本地用户 admin 配置服务类型为 FTP
[H3C－luser－manage－admin]service－type ftp
#为本地用户 admin 配置用户角色等级
[H3C－luser－manage－admin] authorization－attribute user－role network－admin
```

配置完成后,使用本地用户 admin 通过 FTP 访问设备并进行验证,确认是否满足要求。

5. 配置网络管理员用户

根据对网络管理员用户的要求,在 MSR 路由器上的详细配置命令如下:

```
<H3C> system－view
System View: return to User View with Ctrl＋Z.
[H3C]local－user Administrator
[H3C－luser－manage－Administrator]password simple Admin－H3C
[H3C－luser－manage－Administrator]service－type ftp
[H3C－luser－manage－Administrator]service－type terminal telnet ssh
[H3C－luser－manage－Administrator]authorization－attribute user－role network－admin
```

配置完成后,使用本地用户 Administrator 通过 FTP、Console 等方式访问设备并进行验证,确认是否满足要求。

13.7 项目常见问题

在本项目实施中,容易产生以下常见问题。

(1) 通过 boot-loader file 指定启动文件时,提示: The specified file is invalid!

（2）通过 boot-loader file 指定启动文件后，重启设备，设备无法正常启动。

如果遇到上述问题，则解决办法如下所示。

（1）此提示的意思是指定的文件无效，需要检查该启动文件与设备型号是否匹配，配套问题可查看该启动文件的使用指导书。

（2）检查启动文件是否上传完整；查看版本使用说明书，确认软件版本跨度是否有限制；查看相关版本使用说明书，确认 BootRom 版本是否匹配。

13.8   项目评价

项目评价如表 13-4 所示。

表 13-4   项目评价表

班级＿＿＿＿＿＿＿＿＿＿＿＿＿＿ 指导教师＿＿＿＿＿＿＿＿＿＿＿＿＿＿

小组＿＿＿＿＿＿＿＿＿＿＿＿＿＿ 日　　期＿＿＿＿＿＿＿＿＿＿＿＿＿＿

姓名＿＿＿＿＿＿＿＿＿＿＿＿＿＿

评价项目	评价标准	评价依据	评价方式			权重	得分
			学生自评	小组互评	教师评价		
职业素养	（1）遵守企业规章制度和劳动纪律 （2）按时按质完成工作 （3）积极主动承担工作任务，勤学好问 （4）人身安全与设备安全 （5）工作岗位 6S 完成情况	（1）出勤 （2）工作态度 （3）劳动纪律 （4）团队协作精神				0.3	
专业能力	（1）掌握网络设备的文件系统管理方法 （2）掌握网络设备软件升级方法 （3）掌握网络设备用户权限管理方法	（1）操作的准确性和规范性 （2）项目技术总结完成情况 （3）专业技能任务完成情况				0.5	
创新能力	（1）在任务完成过程中能提出自己的有一定见解的方案 （2）在教学或生产管理上提出建议，具有创新性	（1）方案的可行性及意义 （2）建议的可行性				0.2	
合计							

13.9   项目总结

本项目主要涉及以下内容。

（1）网络设备文件管理的基本配置命令。

（2）网络设备软件升级的基本方法和步骤。

（3）网络设备访问用户权限控制的基本命令。

项目总结（含技术总结、实施中的问题与对策、建议等）：

13.10 项目拓展

可参照附录 B，通过 BootWare 菜单升级系统软件。

××公司网络建设

通过本项目的实施,应具备以下能力。

- IP 地址规划;
- VLAN;
- VLAN Routing;
- OSPF;
- ACL;
- 802.1x;
- NAT;
- 静态路由;
- DHCP。

14.1 项目简介

随着××公司业务和企业人员的进一步扩展,××公司需要搭建自己的企业网络以满足业务发展需求。公司内部人员主要分为市场部和物流部两部分人员,只有市场部人员可以访问外网,物流部人员仅能访问公司内部服务器,同时为了方便对外展示和测试自己的产品,公司特意安装了一套测试环境,允许出差员工或者客户通过远程登录的方式登录到这套测试设备进行功能展示或者性能测试。

14.2 项目任务和要求

1. 项目任务

(1) 建设公司局域网,合理规划 IP 地址。

(2) 通过划分 VLAN,实现公司不同业务之间的访问隔离。

(3) 通过 802.1x 认证实现访问控制,保证只有通过认证的主机才能访问网络资源。

(4) 通过配置 DHCP Server 为公司主机动态分配 IP 地址。

(5) 通过配置 OSPF 路由协议,实现企业网内部互通。

(6) 通过配置 ACL 包过滤防火墙,实现公司不同业务间的访问隔离。

(7) 通过配置 NAT 地址转换,实现公司内市场部主机的 Internet 访问需求。

(8) 通过配置 NAT Server 地址转换,实现公司内部测试环境对外提供远程登录服务。

2. 项目完成时间

6 小时。

3. 项目要求

(1) 网络互联互通,各模块功能正常。

（2）设备配置脚本简洁明了，没有多余配置。

4. 安全与文明（6S）

项目实施时应注意安全与文明（6S）规范，包括但不限于以下规范。

（1）设备、模块、线缆应按类分别摆放整齐。

（2）所使用的耗材、线头等不要随意丢弃。

（3）接触设备、模块等电子设备时要穿戴防静电服或防静电手腕带。

（4）非项目要求，不随意关机断电重启。

（5）工作成果（配置文件）注意随时保存。

（6）如果设备上有模块，则不在开机状态下进行拔插操作。

（7）保持现场干净整洁，及时清理。

14.3　项目设备及器材

本项目所需的设备及器材如表 14-1 所示。

表 14-1　设备及器材

名称和型号	版　　本	数量	描　　述
S5820V2-54QS-GE	Version 7.1	1	48×GE Base-T 端口/4×10GE SFP＋端口/2×40GE QSFP＋端口
S5130S-28S-HI	Version 7.1	2	24×GE Base-T 端口/4×10GE SFP＋端口
MSR36-20	Version 7.1	2	3×GE Base-T 端口
PC	Windows	40	—
Server	—	10	—
5 类双绞线	—	10	直通线即可

14.4　项目背景

××公司有 40 名左右的员工，其主要业务包括市场和物流两方面。现在任务是为公司构建局域网络，同时利用本地 ISP 服务连接 Internet。

如图 14-1 所示，××公司的办公室主要分为 IT 设备区和 2 个办公区。

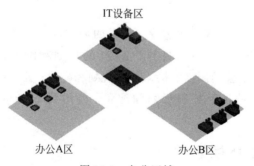

图 14-1　办公区域

IT 设备区：主要是核心网络设备和服务器群。一共有 1 台核心交换机、1 台路由器和 10 台服务器（含 1 套测试环境），公司主要的订单和库存数据都储存在服务器中。

办公 A 区：主要是市场部和物流部的工作人员。一共有 20 台工作终端,其中属于市场部的终端数为 10 台,属于物流部的终端数为 10 台。

办公 B 区：主要是物流部仓库的工作人员,一共有 20 台工作终端。

现在需要构建局域网络将 2 个办公区域的所有工作终端和服务器相连,并划分 VLAN 以实现广播域的隔离。同时由于公司的管理规定,市场部和物流部的网络不能互相访问,但都可以访问服务器群,需要实现访问控制。

所有的工作终端都必须在通过验证之后才能接入网络,同时通过 DHCP 服务器获取 IP 地址。

14.5　项目分析

××公司目前总人数为 40 人,其中需要互联的终端数目为 40,另外还有服务器 10 台。所需的最小交换机端口数为 50,但考虑到网络今后的扩展性和交换机之间的级连端口需要,应该规划的以太网交换机端口数为 100 口左右。

IT 设备区有 1 台核心交换机、1 台外接路由器和若干台服务器,考虑作为局域网的核心,为了满足日后网络扩展需求,可以配置 1 台 48 口的三层万兆交换机,采用 H3C S5820V2-54QS-GE。在广域网设备方面,采用 H3C MSR36-20 路由器来满足访问外网的需求。对 Internet 的访问公司使用的是本地 ISP 提供的专线服务,使用 ISP 提供的固定公网地址。具体地址如表 14-2 所示。

表 14-2　公网地址表

源设备型号	IP 地址/掩码	目标设备名称	IP 地址/掩码
MSR36-20	202.10.1.2/30	ISP_1	202.10.1.1/30

办公 A 区、B 区均有 20 台左右的工作终端,均采用了一台 24 口的以太网交换机 H3C S5130S-28S-HI。

14.6　项目实施

通过以上分析,管理员开始规划和建设分公司的局域网。具体实施过程包括网络拓扑规划;物理接口的规划和连线;设备命名与 VLAN 的规划和配置;IP 地址的规划和配置;DHCP Server 规划和配置;公司网络的接入控制规划和配置;公司网络内部的访问控制规划和配置;公司到 Internet 的访问控制规划和配置;公司到 Internet 的路由,NAT 和 NAT Server 的规划和配置。

14.6.1　网络拓扑规划

根据项目分析结论,3 台交换机之间采用千兆的电口以 H3C S5820V2-54QS-GE 为核心进行星型连接;公司访问 Internet 使用本地 ISP 提供的专线服务。路由器和三层交换机之间通过千兆的以太网口互联,如图 14-2 所示。

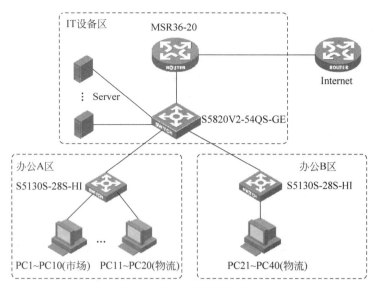

图 14-2 公司网络连接示意图

14.6.2 物理接口的规划和连线

由上述要求制订如表 14-3 所示的设备连接表,并按照连接表对公司网络中的交换机和路由器进行连线。

表 14-3 设备连接表

源设备名称	设备型号	设备接口	目标设备名称	设备型号	设备接口
RT1	MSR36-20	GE0/1	ISP_1	MSR36-20	GE0/1
RT1	MSR36-20	GE0/0	Core_SW1	S5820V2-54QS-GE	GE1/0/48
Core_SW1	S5820V2-54QS-GE	GE1/0/1	BGA_SW2	S5130S-28S-HI	GE1/0/24
Core_SW1	S5820V2-54QS-GE	GE1/0/2	BGB_SW3	S5130S-28S-HI	GE1/0/24

根据表 14-3 连接所有网络设备,实际的组网连接图如图 14-3 所示。

注意

Internet 网络用一台路由器进行模拟,命名为 ISP_1,采用 Loopback1 地址模拟 Internet 网段。另外通过一台终端(User_1)来模拟内部员工或者客户远程登录内网测试环境。

在 IT 设备核心区用一台 MSR36-20 路由器来模拟内部服务器(测试环境),内网中的市场部和物流部都可以连接到该服务器,同时出差员工或者客户也可以通过外网远程登录该设备。

14.6.3 设备命名与 VLAN 的规划和配置

根据设备命名表 14-4,修改分公司网络中的交换机和路由器的设备名称。

表 14-4 设备命名表

设备型号	MSR36-20	S5820V2-54QS-GE	S5130S-28S-HI	S5130S-28S-HI
设备名称	RT1	Core_SW1	BGA_SW2	BGB_SW3

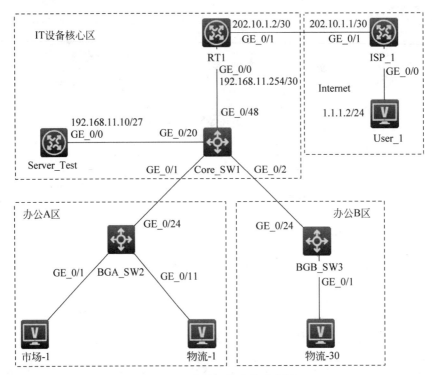

图 14-3　公司网络连接示意图

按照业务和功能将整个分公司的局域网按照业务和功能分为四个 VLAN,如表 14-5 所示。

表 14-5　VLAN 划分表

业务部门	市场部	物流部	服务器组	三层互联
所属 VLAN	VLAN100	VLAN200	VLAN300	VLAN2

根据表 14-6,对分公司网络中的交换机接口进行配置。

表 14-6　VLAN 和接口对应表

设备名称	VLAN2	VLAN100	VLAN200	VLAN300
Core_SW1	GE1/0/48	无	无	GE1/0/11~GE1/0/20
BGA_SW2	无	GE1/0/1~GE1/0/10	GE1/0/11~GE1/0/20	无
BGB_SW3	无	无	GE1/0/1~GE1/0/20	无

根据表 14-7,对分公司网络中的交换机和路由器等设备之间的互联接口进行配置。

表 14-7　设备互联接口对应表

源设备名称	设备接口	接口类型	所属 VLAN	目标设备名称	设备接口	接口类型	所属 VLAN
Core_SW1	GE1/0/1	Trunk	VLAN100、VLAN200	BGA_SW2	GE1/0/24	Trunk	VLAN100、VLAN200
Core_SW1	GE1/0/2	Trunk	VLAN200	BGB_SW3	GE1/0/24	Trunk	VLAN200
Core_SW1	GE1/0/48	Access	VLAN2	RT1	GE0/0	无	无

按照上面列出的 4 张表,完成设备命名、VLAN 创建和接口划分等相关配置。

14.6.4　修改设备名称

进入系统视图。

```
<H3C>system-view
```

将路由器系统名称修改为 RT1。

```
[H3C]sysname RT1
```

修改交换机系统名称的配置如下:

```
<H3C>system-view
[H3C]sysname Core_SW1
<H3C>system-view
[H3C]sysname BGA_SW2
<H3C>system-view
[H3C]sysname BGB_SW3
```

14.6.5　在交换机上创建 VLAN,添加端口和互联接口配置

Core_SW1 上的配置如下:

```
[Core_SW1]vlan 100
[Core_SW1]vlan 200
[Core_SW1]vlan 300
[Core_SW1-vlan300]port GigabitEthernet 1/0/11 to GigabitEthernet 1/0/20
[Core_SW1]vlan 2
[Core_SW1-vlan2]port GigabitEthernet 1/0/48
[Core_SW1]interface GigabitEthernet 1/0/1
[Core_SW1-GigabitEthernet1/0/1]port link-type trunk
[Core_SW1-GigabitEthernet1/0/1]port trunk permit vlan 100 200
[Core_SW1-GigabitEthernet 1/0/1]undo port trunk permit vlan 1
[Core_SW1]interface GigabitEthernet 1/0/2
[Core_SW1-GigabitEthernet 1/0/2]port link-type trunk
[Core_SW1-GigabitEthernet 1/0/2]port trunk permit vlan 100 200
[Core_SW1-GigabitEthernet 1/0/2]undo port trunk permit vlan 1
```

BGA_SW2 和 BGB_SW3 上的配置如下:

```
[BGA_SW2]vlan 100
[BGA_SW2-vlan100]port GigabitEthernet 1/0/1 to GigabitEthernet 1/0/10
[BGA_SW2]vlan 200
[BGA_SW2-vlan200]port GigabitEthernet 1/0/11 to GigabitEthernet 1/0/20
[BGA_SW2]interface GigabitEthernet 1/0/24
[BGA_SW2-GigabitEthernet1/0/24]port link-type trunk
[BGA_SW2-GigabitEthernet1/0/24]port trunk permit vlan 100 200
[BGA_SW2-GigabitEthernet1/0/24]undo port trunk permit vlan 1
[BGB_SW3]vlan 200
[BGB_SW3-vlan200]port GigabitEthernet 1/0/1 to GigabitEthernet 1/0/20
[BGB_SW3]interface GigabitEthernet 1/0/24
[BGB_SW3-GigabitEthernet1/0/24]port link-type trunk
```

```
[BGB_SW3-GigabitEthernet1/0/24]port trunk permit vlan 200
[BGB_SW3-GigabitEthernet1/0/24]undo port trunk permit vlan 1
```

14.6.6　IP 地址和网关的规划和配置

在 VLAN 的划分方面,可以将整个分公司的局域网按照业务和功能分为四个 VLAN; 在 IP 地址规划方面,××公司的 IP 地址空间由园区物业进行统一的规划和分配,其中分配 给××公司的地址空间为一个 C 类网段 192.168.11.0/24。具体的 VLAN 和子网的划分 如表 14-8 所示。

表 14-8　IP 子网规划表

所属 VLAN	现有终端数	2 年后终端数	网段/掩码	网 关 地 址
VLAN100	10	20	192.168.11.32/27	192.168.11.33
VLAN200	30	60	192.168.11.64/26	192.168.11.65
VLAN300	10	20	192.168.11.0/27	192.168.11.1
VLAN2	—	—	192.168.11.253/30	—

注意

路由器和交换机之间通过三层 VLAN 接口互联,需要占用一个 VLAN。

根据子网规划表 14-8 中子网的划分,在 ISP_1、Core_SW1 和 RT1 上配置 IP 地址如 表 14-9 所示。

表 14-9　网络设备 IP 地址表

设 备 名 称	接 口 名 称	IP 地址	子 网 掩 码
ISP_1	GE0/1	202.10.1.1	255.255.255.252
RT1	GE0/1	202.10.1.2	255.255.255.252
RT1	GE0/0	192.168.11.254	255.255.255.252
Core_SW1	Vlan-interface2	192.168.11.253	255.255.255.252
Core_SW1	Vlan-interface100	192.168.11.33	255.255.255.224
Core_SW1	Vlan-interface200	192.168.11.65	255.255.255.192
Core_SW1	Vlan-interface300	192.168.11.1	255.255.255.224

在 ISP_1、Core_SW1 和 RT1 上的具体配置命令如下:

```
[ISP_1]interface GigabitEthernet 0/1
[ISP_1-GigabitEthernet0/1] ip address 202.10.1.1 255.255.255.252
[RT1]interface GigabitEthernet 0/1
[RT1-GigabitEthernet0/1] ip address 202.10.1.2 255.255.255.252
[RT1]interface Gigabitethernet 0/0
[RT1-GigabitEthernet0/0]ip address 192.168.11.254 255.255.255.252
[Core_SW1]interface Vlan-interface 2
[Core_SW1-Vlan-interface2]ip address 192.168.11.253 255.255.255.252
[Core_SW1]interface Vlan-interface 100
[Core_SW1-Vlan-interface100]ip address 192.168.11.33 255.255.255.224
[Core_SW1]interface Vlan-interface 200
[Core_SW1-Vlan-interface200]ip address 192.168.11.65 255.255.255.192
[Core_SW1]interface Vlan-interface 300
```

```
[Core_SW1 - Vlan - interface300]ip address 192.168.11.1 255.255.255.224
```

14.6.7 DHCP Server 的规划和配置

因为方案要求所有的工作终端通过 DHCP 服务器获取 IP 地址。结合分公司网络拓扑、设备的功能和性能等因素,配置作为网络核心的三层交换机 Core_SW1 作为 DHCP Server。根据表 14-8 的 IP 子网规划,配置 DHCP Server,在 Core_SW1 上的具体配置命令如下:

```
[Core_SW1]dhcp server ip - pool vlan100
[Core_SW1 - dhcp - pool - vlan100]network 192.168.11.32 mask 255.255.255.224
[Core_SW1 - dhcp - pool - vlan100]gateway - list 192.168.11.33
[Core_SW1 - dhcp - pool - vlan100]expired day 0 hour 2 minute 0
[Core_SW1]dhcp server ip - pool vlan200
[Core_SW1 - dhcp - pool - vlan200]network 192.168.11.64 mask 255.255.255.192
[Core_SW1 - dhcp - pool - vlan200]gateway - list 192.168.11.65
[Core_SW1 - dhcp - pool - vlan200]expired day 0 hour 2 minute 0
[Core_SW1]dhcp server forbidden - ip 192.168.11.33
[Core_SW1]dhcp server forbidden - ip 192.168.11.65
[Core_SW1]dhcp enable
```

注意

DHCP Server 的配置中,DNS 服务器的地址是由本地 ISP 提供的。公司的服务器不能采用 DHCP Server 来分配地址,而需要人工配置静态 IP 地址。

完成本步的配置任务之后,在除服务器外的各终端上测试终端是否能获取 IP 地址。

14.6.8 公司网络的接入控制规划和配置

为了实现所有的工作终端都必须在通过验证之后才能接入网络,需要在交换机上配置 802.1x 认证,交换机上的具体配置命令如下所示。

```
# BGA_SW2 交换机全局下使能 802.1x 认证
[BGA_SW2]dot1x
# 在交换机相关端口下使能 802.1x 认证
[BGA_SW2]interface range GigabitEthernet 1/0/1 to GigabitEthernet 1/0/9
[BGA_SW2 - if - range]dot1x
# 创建本地用户 h3c
[BGA_SW2]local - user h3c class network
[BGA_SW2 - luser - network - h3c]password simple 123456
# 配置本地用户 h3c 的服务类型为 lan - access 服务
[BGA_SW2 - luser - network - h3c]service - type lan - access
```

BGB_SW3 上的详细配置如下:

```
[BGB_SW3]dot1x
[BGB_SW3]interface range GigabitEthernet 1/0/1 to GigabitEthernet 1/0/20
[BGB_SW3 - if - range]dot1x
[BGB_SW3 - if - range]quit
[BGB_SW3]local - user h3c class network
[BGB_SW3 - luser - network - h3c]password simple 123456
[BGB_SW3 - luser - network - h3c]service - type lan - access
```

注意

  配置 802.1x 认证,必须要在交换机的全局和接口下均使能 802.1x 认证。

  service-type lan-access 主要指以太网接入,比如用户可以通过 802.1x 认证接入。

  完成本步的配置任务之后,在各终端上运行 802.1x 客户端软件,只有通过验证之后的终端才能获取 IP 地址访问网络资源。

  默认系统 domain 为名称 system,请勿删除修改(相关命令为 domain system 和 domain default enable system)。

14.6.9　公司网络内部的访问控制规划和配置

  公司的网络中要实现市场部和物流部均可访问服务器,但两个部门不能互访,需要在三层交换机 Core_SW1 上配置 ACL 包过滤防火墙,实现分公司的市场部 VLAN 和物流部 VLAN 不能互相访问。交换机上的具体配置命令如下:

```
[Core_SW1]acl advanced 3000
[Core_SW1-acl-ipv4-adv-3000]rule 5 deny ip source 192.168.11.32 0.0.0.31 destination 192.
168.11.64 0.0.0.63
[Core_SW1-acl-ipv4-adv-3000]quit
[Core_SW1]acl advanced 3001
[Core_SW1-acl-ipv4-adv-3001]rule 5 deny ip source 192.168.11.64 0.0.0.63 destination 192.
168.11.32 0.0.0.31
[Core_SW1-acl-ipv4-adv-3001]quit
[Core_SW1]interface Vlan-interface 100
[Core_SW1-Vlan-interface100]packet-filter 3000 inbound
[Core_SW1-Vlan-interface100]quit
[Core_SW1]interface Vlan-interface 200
[Core_SW1-Vlan-interface200] packet-filter 3001 inbound
```

注意

  完成本步的配置任务之后,可测试市场 VLAN 内的终端能否 ping 通物流 VLAN 内的终端。

14.6.10　网络路由规划和配置

  为了方便日后网络扩展以及日后公司分部的建设,公司内网与外接路由器之间采用 OSPF 协议,各网段地址如表 14-10 所示。

表 14-10　网段对应表

业 务 部 门	业 务 网 段	子 网 掩 码
市场部	192.168.11.32	255.255.255.224
物流部	192.168.11.64	255.255.255.192
服务器组	192.168.11.0	255.255.255.224
三层互联	192.168.11.252	255.255.255.252

  根据表 14-10 中子网的划分,在公司路由器 RT1 和分公司交换机 Core_SW1 上配置 OSPF 路由协议,具体的配置命令如下所示。

```
＃创建 OSPF 进入 OSPF 视图
[RT1]ospf 1 router - id 1.1.1.1
＃配置 OSPF 区域,进入 OSPF 区域视图
[RT1 - ospf - 1]area 0
＃配置区域所包含的网段并在指定网段的接口上使能 OSPF
[RT1 - ospf - 1 - area - 0.0.0.0]network 192.168.11.252 0.0.0.3
```

Core_SW1 上的详细配置如下:

```
[Core_SW1]router id 2.2.2.2
[Core_SW1]ospf 1
[Core_SW1 - ospf - 1]area 0
[Core_SW1 - ospf - 1 - area - 0.0.0.0]network 192.168.11.0 0.0.0.31
[Core_SW1 - ospf - 1 - area - 0.0.0.0]network 192.168.11.32 0.0.0.31
[Core_SW1 - ospf - 1 - area - 0.0.0.0]network 192.168.11.64 0.0.0.63
[Core_SW1 - ospf - 1 - area - 0.0.0.0]network 192.168.11.252 0.0.0.3
```

注意

完成本步的配置后,请查看各三层设备上的路由表,并测试公司各部门和服务器网络、三层互联及 ISP 网络之间的互通性,此时是无法 ping 通外网的。

14.6.11 公司到 Internet 的路由,NAT 和 NAT Server 的规划和配置

公司通过本地 ISP 实现访问 Internet 的需求且公司有一台服务器需要对外提供 telnet 服务,为此公司向本地 ISP 申请了一个公网地址,以供服务器使用。服务器的地址对应信息如表 14-11 所示。

表 14-11 分公司服务器内、外网地址对应表

服务器名称	服务类型	内网 IP 地址	公网 IP 地址
服务器 1	www	192.168.11.130	202.10.1.2

为了实现公司市场部主机访问 Internet 和外部访问服务器(内部测试环境)的需求,分公司 RT1 上需要配置到 Internet 的默认路由,NAT 地址转换和 NAT Server 地址转换,详细的配置命令如下:

```
＃在 RT1 上配置指向本地 ISP 的默认路由
[RT1]ip route - static 0.0.0.0 0.0.0.0 202.10.1.1
＃Core_SW1 上配置公司局域网的默认路由
[Core_SW1]ip route - static 0.0.0.0 0.0.0.0 192.168.11.254
＃在 RT1 上创建 NAT 地址转换需要的 ACL,因为仅允许市场部人员登录外网,所以仅对市场部网段进行
  NAT 转换
[RT1]acl basic 2000
[RT1 - acl - ipv4 - basic - 2000]rule 5 permit sourse 192.168.11.32 0.0.0.31
＃在接口下配置 NAT 地址转换
[RT1]interface GigabitEthernet 0/1
[RT1 - GigabitEthernet0/1]nat outbound 2000
```

Internet 用一台路由器进行模拟,命名为 ISP_1。在 Internet 路由器上采用 Loopback 地

址来模拟 Internet。同时配置 1 台 IP 地址为 1.1.1.2（网关地址为 1.1.1.1）的终端模拟用户，用来后续远程登录测试。所以在 Internet 路由器上需要增加以下配置。

```
[ISP_1]interface LoopBack 1
[ISP_1 - LoopBack1] ip address 202.10.2.1 32
[ISP_1]interface GigabitEthernet 0/0
[ISP_1 - GigabitEthernet0/0] ip address 1.1.1.1 24
```

完成本步的配置后，可查看各三层设备上的路由表，并测试公司市场部终端是否能 ping 通 ISP 网络。

本实验中用一台路由器模拟公司内部的测试设备，公司内部员工可以登录，外部用户也可以登录进行测试。

```
♯配置该路由器的 IP 地址，并修改设备名称
[H3C]sysname Server_Test
[Server_Test]interface GigabitEthernet 0/0
[Server_Test - GigabitEthernet0/0]ip address 192.168.11.10 27
[Server_Test]ip route - static 0.0.0.0 0 192.168.11.1
♯开启设备的 telnet 功能，并配置用户名及密码
[Server_Test]telnet server enable
[Server_Test]local - user admin
New local user added.
[Server_Test - luser - manage - admin]password simple h3cl012345
[Server_Test - luser - manage - admin]service - type telnet
[Server_Test - luser - manage - admin]authorization - attribute user - role network - admin
[Server_Test]line vty 0 63
[Server_Test - line - vty0 - 63]authentication - mode scheme

♯在 RT1 的 G0/1 接口下配置 NAT Server 地址转换
[RT1]interface GigabitEthernet 0/1
[RT1 - GigabitEthernet0/1]nat server protocol tcp global 202.10.1.2 telnet inside 192.168.11.
10 telnet
```

完成本步的配置后，外部用户（IP 地址 1.1.1.2）可以测试是否能通过 IP 地址 202.10.1.2 登录到 Server_Test。

```
<H3C> telnet 202.10.1.2
Trying 202.10.1.2 ...
Press CTRL + K to abort
Connected to 202.10.1.2 ...

*************************************************************************
*
* Copyright (c) 2004 - 2021 New H3C Technologies Co., Ltd. All rights reserved. *
* Without the owner's prior written consent,                          *
* no decompiling or reverse - engineering shall be allowed.           *
*************************************************************************
*

Login: admin
Password:
<Server_Test>
<Server_Test>
```

14.7   项目常见问题

在本项目实施中,容易产生以下常见问题。

(1) IP 子网规划过小或过大,导致后期扩容困难或者地址浪费严重。

(2) IP 子网规划凌乱,业务网段中间夹杂着管理网段。

如果遇到上述问题,则解决办法如下。

(1) 在规划网络地址时,要在当前需求的基础上扩大 10%～20%,为后期扩容留有余量。

(2) 在规划网络地址时,给业务网段和管理网段分配不同的子网,尽量给管理网段分配一个单独的网段。

14.8   项目评价

项目评价表如表 14-12 所示。

表 14-12   项目评价表

班级 _____			指导教师 _____				
小组 _____			日 期 _____				
姓名 _____							

| 评价项目 | 评价标准 | 评价依据 | 评价方式 | | | 权重 | 得分 |
			学生自评	小组互评	教师评价		
职业素养	(1) 遵守企业规章制度和劳动纪律 (2) 按时按质完成工作 (3) 积极主动承担工作任务,勤学好问 (4) 人身安全与设备安全 (5) 工作岗位 6S 完成情况	(1) 出勤 (2) 工作态度 (3) 劳动纪律 (4) 团队协作精神				0.3	
专业能力	(1) 掌握网络设备的基本配置命令 (2) 掌握二层和三层网络协议的基本配置和原理 (3) 掌握网络规划的基本方法和技巧	(1) 操作的准确性和规范性 (2) 项目技术总结完成情况 (3) 专业技能任务完成情况				0.5	
创新能力	(1) 在任务完成过程中能提出自己的有一定见解的方案 (2) 在教学或生产管理上提出建议,具有创新性	(1) 方案的可行性及意义 (2) 建议的可行性				0.2	
合计							

14.9   项目总结

本项目主要涉及以下内容。

（1）设备命名与 VLAN 的规划和配置。

（2）IP 地址的规划和配置。

（3）DHCP Server 规划和配置。

（4）网络接入控制规划和配置。

（5）网络访问控制规划和配置。

（6）广域网链路的安全规划和配置。

（7）网络中路由规划和配置。

（8）NAT 的规划和配置。

项目总结（含技术总结、实施中的问题与对策、建议等）：

14.10   项目拓展

××公司拟成立分公司 1，需要为分公司 1 新建网络，网络的基本要求与目前总公司一致，但又新增了一些需求需要实现。请按照表 14-13 所示项目规格进行项目的拓展。

表 14-13   项目拓展设备和器材

名称和型号	版　　本	数量	描　　述
S5820V2-54QS-GE	V7.1	1	—
S5130S-28S-HI	V7.1	2	—
MSR36-20	V7.1	3	—
PC	—	40	—
Server	—	10	—
5 类双绞线	—	20	直通线即可

拓展项目的拓扑图如图 14-4 所示。

拓展项目需求如下。

（1）总部与分公司 1 之间互联的 IP 地址段为 192.168.10.1/30。

（2）总部为分公司 1 分配的业务网段为 192.168.16.0/24，分公司 1 员工数量与预计 2 年后员工数量均与总公司相同，请合理规划 IP 子网。

（3）总部与分公司之间运行 OSPF 协议。

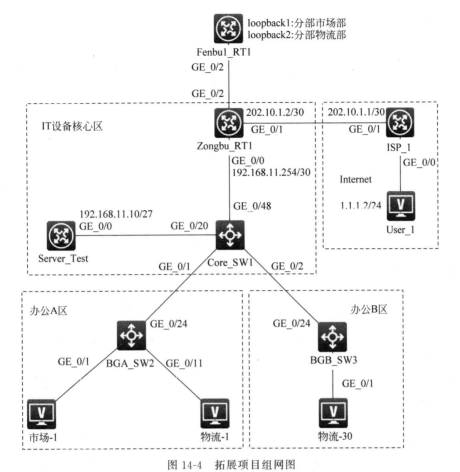

图 14-4   拓展项目组网图

（4）分公司网络中物流部不能访问 Internet。

（5）总部与分部相同部门人员可以互通，不同部门之间不能互通，分部所有人员均可以访问总部服务器。

（6）总部与分部之间通过 PPP 或者 IPSec VPN 互联（该部分配置本书中并未涉及，有兴趣可以尝试，如无相关经验，直接配置 IP 互通即可）。

请按照上述的项目规格、拓扑图和项目需求，完成本项目拓展。

华三云实验室

　　华三云实验室(H3C cloud lab,HCL)是一款界面图形化的全真网络模拟软件,用户可以通过该软件实现 H3C 公司多个型号的虚拟设备的组网,是用户学习、测试基于 H3C 公司 Comware 平台的网络设备的必备工具。

　　在 HCL 软件应用及迭代过程中,来自用户的优秀案例及工程是一笔巨大的知识财富。HCL 庞大数量的用户,也需要交流沟通的通畅渠道。基于新华三在通信领域的技术积累、产品存量以及用户数量,新华三从产品维度打造了以"工程技术交流、组网拓扑共享、模拟实验学习"为本的 HCLHub 生态社区。通过此社区,合作伙伴可以进一步提升服务软实力,提高工程师技术能力及产品受众黏性,拓展 IT 人才资源渠道。新华三的客户及学生也可以通过此社区获得更好的使用体验。

- 官方模拟器全真模拟。通过设备全真模拟,彻底解决广大客户无真实设备时的实验障碍。HCL 功能覆盖交换、路由、安全、无线等多条产品线及 DHCPv6、EVPN、DRNI 等主流网络功能。
- 云管平台无惧反复修改。HCLHub 个人工程实验一键上传至云端,单工程可视化,多工程易管理。通过工程管理,完全解放用户思想,不惧失败,不惧反复修改,为用户提供了"从头再来"的机会。
- 权威工程一键克隆,实验不用从零开始。HCL 明星工程覆盖电力、金融、互联网等十多个行业、30 多个业务分类、100 多种协议组网。标准组网拓扑,全方位覆盖各种复杂组网,方便一键克隆到本地。
- 官方认证教程,助力能力升级。HCLHub 官方提供了丰富的认证教程和配套实验资料,降低了用户自主学习门槛。可帮助用户尽快掌握最新网络知识,提高网络实践能力。

　　HCLHub 对前沿科技的探索、对用户的成长助力远不止于此。在现有功能基础上,HCLHub 生态社区正在规划在线题库练习,完善内测学习效果评估体系,同时将组织和承办包括技术大练兵、全国大学生线上竞赛、企业内部员工比赛等考试和竞赛,更多创新性、丰富实用的功能将陆续推出。

　　网络设备一直以来是 ICT 基础设施建设的基座。在数字经济蓬勃发展、企业加速数字化转型的关键时期,HCLHub 生态社区为网络设备工程技术交流和学习提供了一个高效平台。作为数字化解决方案的领导者,新华三集团将在深化"云智原生"战略的基础上,持续加大在 HCLHub 生态平台的投入力度,通过建设完善的 HCL 社区生态,服务百行百业,为数字经济的高质量发展注入新动能。

　　更多详情请登录 http://hclhub.h3c.com/。

附录 A.1　HCL 下载与安装

1. 宿主机需求

为保证 HCL 在宿主机上流畅运行,宿主机的配置需求如附表 A-1 所示。

附表 A-1　宿主机的配置需求表

需　求　项	需　　　求
CPU	主频:不低于 1.2GHz 内核数目:不低于 2 核 支持 VT-x 或 AMD-V 硬件虚拟技术
内存	不低于 4GB
硬盘	不低于 80GB
操作系统	不低于 Windows 7

2. 下载 HCL

前往 HCLHub 社区网站(http://hclhub.h3c.com/),单击右上角"下载 HCL 工具"按钮并选择合适的版本进行下载。或前往新华三官方网站(http://www.h3c.com),选择导航栏"支持"→"软件下载"菜单进入软件产品页面后,选择"其他产品"选项,单击"华三云实验室"下的下载链接即可进入 HCL 下载页面。

Windows 10 和 Windows 7 操作系统,建议下载 HCL V3.0.1 版本或者 HCL V5.x.x 的新版本,使用自带 VirtualBox-6.0.14,另外当前模拟器暂不支持 Windows 10 21H1 系统,若 Windows 系统已进行了更新,则可以在"Windows 设置"→"更新和安全"→"Windows 更新"→"查看更新历史记录"窗口中看到最近的 Windows 系统更新记录,选择"卸载更新"即可。

3. 安装 HCL

获取 HCL 安装包后,按照如下几个步骤安装 HCL:选择语言环境;选择安装目录;选择安装组件;开始安装;完成安装。

其中在选择安装组件步骤中,需要注意 H3C Cloud Lab 组件为必选组件。HCL 基于 VirtualBox 模拟器运行,若用户已安装 VirtualBox,此处可以选择不安装 VirtualBox-6.0.14 组件,否则请安装该组件。

注意

- 自行安装的 VirtualBox 模拟器版本不得低于 4.2.18。如果已安装的 VirtualBox 模拟器版本低于 4.2.18,则应先卸载 VirtualBox 模拟器后再安装 HCL。
- 针对 HCL V3.0.1 及以上版本,建议使用 6.0.14 版本的 VirtualBox 模拟器。
- 若没有安装过 VirtualBox 模拟器,默认安装。
- 由于 VirtualBox 模拟器的限制,VirtualBox 安装路径不能包含非英文字符。

附录 A.2　HCL 操作入门

1. 主界面介绍

双击 HCL 桌面快捷方式启动 HCL,HCL 主界面如附图 A-1 所示,共有 7 个区域。
主界面各功能区描述详见附表 A-2。

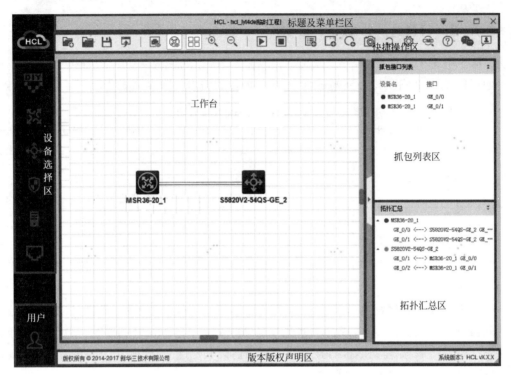

附图 A-1　HCL 主界面

附表 A-2　HCL 主界面描述表

区　　域	描　　述
标题及菜单栏区	标题显示当前工程的信息,若用户未创建工程则显示为临时工程名"HCL-hcl_随机 6 位字符串[临时工程]",否则显示工程名与工程路径的组合,单击右侧下拉菜单图标可弹出操作菜单
快捷操作区	从左至右包括工程操作、显示控制、设备控制、图形绘制、扩展功能五类快捷操作,鼠标悬停在图标上显示图标功能提示
设备选择区	从上到下依次为 DIY(do it yourself,用户自定义设备)、路由器、交换机、防火墙、终端和连线
工作台	用来搭建拓扑网络的工作区,可以进行添加设备、删除设备、连线、删除连线等可视化操作,并显示搭建出来的图形化拓扑网络
抓包列表区	该区域汇总了已设置抓包的接口列表,通过右键菜单可以进行停止抓包、查看抓取报文等操作
拓扑汇总区	该区域汇总了拓扑中的所有设备和连线,通过右键菜单可以对拓扑进行简单的操作
版本版权声明区	显示软件版权和版本信息

2. 基本操作指导

本节只介绍 HCL 模拟器的基本操作,有关更多操作的详细介绍,请参见 HCL 官方的用户指导手册。

1) 新建工程

双击 HCL 快捷方式启动 HCL 后,将自动新建一个临时工程,用户可在此临时工程上创建拓扑网络。若想创建新的工程,可单击快捷操作区的"新建工程"图标,弹出如附图 A-2 所示的"新建工程"对话框,在弹窗中输入工程名,完成新工程的创建。

2）添加设备

在工作台添加设备，步骤如下所示。

（1）在设备选择区单击相应的设备类型按钮（DIY、交换机、路由器、防火墙），将弹出可选
设备类型列表，如附图 A-3 所示。

附图 A-2　"新建工程"对话框

附图 A-3　选择设备类型

（2）用户可以通过以下两种方式向工作台添加设备。

- 单台设备添加模式：单击设备类型图标，并拖曳到工作台，松开鼠标后，完成单台设备
  的添加。
- 设备连续添加模式：单击设备类型图标，松开鼠标，进入设备连续添加模式，光标变成
  设备类型图标。在此模式下，单击工作台任意区域，每单击一次，则添加一台设备（由
  于添加设备需要时间，在前一次添加未完成的过程中的单击操作将被忽略），右击工作
  台任意位置或按 Esc 键退出设备连续添加模式。

说明

- 每个工程最多可添加的 DIY、路由器、交换机、防火墙、PC 五类设备个数之和为 50 个，
  但一般受个人 PC 设备性能限制，建议添加设备个数在 20 个以下。
- 每个工程最多可添加 50 台本地主机设备。
- 每个工程最多可添加 50 台远端网络代理。

3）操作设备

右击工作台中的设备，弹出操作项菜单，根据需要单击菜单项对当前设备进行操作。设备
在不同状态下有不同的操作项，当设备处于停止状态时，弹出如附图 A-4 所示的右键菜单；当
设备处于运行状态时，弹出附图 A-5 所示的右键菜单。

附图 A-4　停止状态时的右键菜单

附图 A-5　启动状态时的右键菜单

- 启动、停止设备：当设备处于停止状态时，单击"启动"选项启动设备，设备图标中的图
  案变成绿色，设备切换到运行状态；当设备处于运行状态时，单击"停止"选项停止设
  备，设备图标中图案变成白色，设备切换到停止状态。

- 添加连线：单击"连线"菜单项，鼠标形状变成"十"字，进入连线状态。如附图 A-6 所示，此状态下单击一台设备，在弹窗中选择链路源接口，再单击另一台设备，在弹窗中选择目的接口，完成连接操作。右击选择退出连线状态。

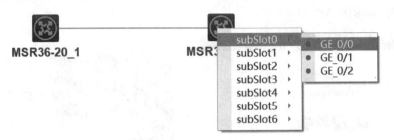

附图 A-6　添加连线

- 启动命令行终端：单击"启动命令行终端"选项启动命令行终端，弹出与设备同名的命令行输入窗口，如附图 A-7 所示。

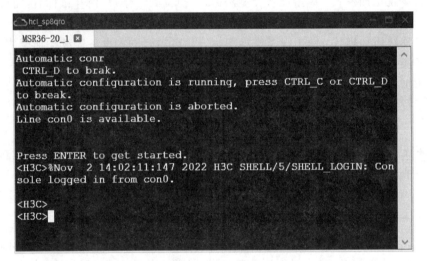

附图 A-7　命令行终端

- 删除设备：单击"删除"选项，可删除设备。

4）保存工程

工程创建完成，单击快捷操作区中的"保存工程"图标，如果是临时工程，则会弹出保存工程对话框。在保存对话框中输入工程名和工程路径，将工程保存到指定位置。

5）关闭软件

单击主界面中的"关闭"图标，可关闭 HCL 软件。请注意关闭前一定要先保存工程。

6）打开工程

单击快捷操作区中的"打开工程"图标，弹出如附图 A-8 所示对话框，双击工程图标，打开工程。

3. 查看帮助

想了解更多关于 HCL 的使用方法，可以在打开 HCL 模拟器软件后，单击右上角的"帮助"按钮，会弹出《华三云实验室用户手册》，如附图 A-9 所示，里面包含功能模块的详细介绍、典型的使用案例、常见的问题处理方法等。

附图 A-8 "打开工程"对话框

附图 A-9 华三云实验室用户手册

BootWare菜单

说明

- 显示信息请以实际情况为准,文中的举例仅做参考。
- 本文中所有操作,建议仅在单设备环境下执行。操作前,请先将串口线连接该设备上的Console口,网线连接该设备上的网管口,通过Console口登录设备后再执行相应操作。

BootWare 程序文件是设备启动时用来引导应用程序的文件。完整的 BootWare 包含BootWare 基本段和 BootWare 扩展段。

- BootWare 基本段是指完成系统基本初始化的 BootWare,可以实现修改串口参数、升级 BootWare 等操作。
- BootWare 扩展段具有丰富的人机交互功能,用于接口的初始化,可以实现升级应用程序和引导系统。BootWare 扩展段包括扩展段主菜单和扩展段辅助菜单两部分:主菜单用于升级系统启动文件、文件控制等操作,辅助菜单用于查看、搜索设备内存等操作。

BootWare 基本段启动后,可以在基本段菜单下加载升级 BootWare 扩展段。为了阅读和便于理解,如果不做特殊说明,本文中 BootWare 扩展段主菜单将称为 BootWare 主菜单。

附录 B.1　BootWare 菜单介绍

附录 B.1.1　BootWare 基本段主菜单

设备上电后,通过串口(Console 口)连接设备,在终端显示信息中出现"Press Ctrl＋D to access BASIC-BOOTROM MENU…"的 3 秒之内,按下 Ctrl＋D 组合键,系统将进入BootWare 基本段主菜单,如附表 B-1 所示;如果未在 3 秒之内按下 Ctrl＋D 组合键,系统将直接运行 BootWare 程序,若此后仍希望进入 BootWare 基本段主菜单,则需要重新启动设备,设备启动过程中再执行相关操作。

```
System is starting...
Press Ctrl + D to access BASIC – BOOTWARE MENU...
Press Ctrl + T to start heavy memory test

===================== < BASIC – BOOTWARE MENU (Ver 1.81) > =====================
|< 1 > Modify Serial Interface Parameter                                        |
|< 2 > Update Extended BootWare                                                 |
|< 3 > Update Full BootWare                                                     |
|< 4 > Boot Extended BootWare                                                   |
|< 5 > Boot Backup Extended BootWare                                            |
|< 0 > Reboot                                                                   |
================================================================================
```

Ctrl + U: Access BASIC ASSISTANT MENU
Ctrl + C: Display Copyright
Enter your choice(0 - 5):

附表 B-1　BootWare 基本段主菜单

菜　单　项	说　明
<1> Modify Serial Interface Parameter	设置端口速率
<2> Update Extended BootWare	升级 BootWare 扩展段
<3> Update Full BootWare	升级完整的 BootWare，包括 BootWare 基本段和 BootWare 扩展段
<4> Boot Extended BootWare	启动 BootWare 扩展段
<5> Boot Backup Extended BootWare	启动备份的 BootWare 扩展段
<0> Reboot	重启设备

在 BootWare 基本段主菜单项中选择相应选项，例如键入 1 按 Enter 键后，对端口速率进行设置。

```
==============================< BAUDRATE SET >==============================
|Note:' * 'indicates the current baudrate                                  |
|    Change The HyperTerminal's Baudrate Accordingly                       |
| --------------------------< Baudrate Available >---------------------- |
|<1> 9600(Default) *                                                       |
|<2> 19200                                                                 |
|<3> 38400                                                                 |
|<4> 57600                                                                 |
|<5> 115200                                                                |
|<0> Exit                                                                  |
==========================================================================
Enter your choice(0 - 5):
```

系统默认端口速率为 9600bps，所以启动仿真终端时串口速率一般也设置为 9600bps。

```
Enter your choice(0 - 5): 0

==================< BASIC - BOOTWARE MENU (Ver 1.81) >==================
|<1> Modify Serial Interface Parameter                                    |
|<2> Update Extended BootWare                                             |
|<3> Update Full BootWare                                                 |
|<4> Boot Extended BootWare                                              |
|<5> Boot Backup Extended BootWare                                       |
|<0> Reboot                                                              |
==========================================================================
Ctrl + U: Access BASIC ASSISTANT MENU
Ctrl + C: Display Copyright
Enter your choice(0 - 5): 2
Please Start To Transfer File, Press < Ctrl + C > To Exit.
Waiting ...CCCCCCCCCCC
```

此时只能通过串口使用 XModem 协议下载升级文件升级，这需要很长时间，一般不建议通过这种方式升级。使用串口进行升级的具体操作步骤详见"通过串口升级应用程序"章节。

```
Loading ...CCCCCCCCCCC...Done.
Will you Update Extended BootRom? (Y/N):Y
Updating Extended BootRom..........Done.
```

附录 B.1.2　BootWare 扩展段主菜单

设备上电后,如果未选择进入基本段主菜单,则设备会提示是否选择进入 BootWare 扩展段主菜单,终端屏幕上显示如下信息。

```
System is starting...
Press Ctrl + D to access BASIC - BOOTWARE MENU...
Press Ctrl + T to start heavy memory test
Booting Normal Extended BootWare
The Extended BootWare is self - decompressing....Done.

*************************************************************************
*                                                                       *
*            H3C MSR36 - 20 BootWare, Version 1.81                       *
*                                                                       *
*************************************************************************
Copyright (c) 2004 - 2019 New H3C Technologies Co., Ltd.


Compiled Date        : May 6 2019
CPU ID               : 0x2
Memory Type          : DDR3 SDRAM
Memory Size          : 2048MB
Flash Size           : 8MB
cfa0 Size            : 247MB
CPLD Version         : 2.0
PCB Version          : 2.0


BootWare Validating...
Press Ctrl + B to access EXTENDED - BOOTWARE MENU...
```

说明

为了阅读和便于理解,如果不做特殊说明,本菜单都将称为 BootWare 主菜单。

以上显示信息与设备实际情况相关,可能会略有差别。

在出现"Press Ctrl+B to access EXTENDED-BOOTROM MENU..."的 3 秒之内,按下 Ctrl+B 组合键,系统将进入 BootWare 扩展段主菜单,否则系统将进入程序解压过程;若程序进入解压过程后再希望进入 BootWare 扩展段主菜单,则需要重新启动设备,设备启动过程中再执行相关操作。

```
Password recovery capability is enabled.
Note: The current operating device is cfa0
Enter < Storage Device Operation > to select device.

======================= < EXTENDED - BOOTWARE MENU > =========================
|< 1 > Boot System                                                          |
|< 2 > Enter Serial SubMenu                                                 |
```

```
| < 3 > Enter Ethernet SubMenu                              |
| < 4 > File Control                                        |
| < 5 > Restore to Factory Default Configuration            |
| < 6 > Skip Current System Configuration                   |
| < 7 > BootWare Operation Menu                             |
| < 8 > Skip Authentication for Console Login               |
| < 9 > Storage Device Operation                            |
| < 0 > Reboot                                              |
==============================================================================
Ctrl + Z: Access EXTENDED ASSISTANT MENU
Ctrl + F: Format File System
Ctrl + C: Display Copyright
Enter your choice(0 - 9):
```

该菜单含义如附表 B-2 所示。

附表 B-2　BootWare 扩展段主菜单

菜　单　项	说　　明
＜1＞ Boot System	引导应用程序
＜2＞ Enter Serial SubMenu	进入串口子菜单
＜3＞ Enter Ethernet SubMenu	进入以太网子菜单
＜4＞ File Control	文件控制子菜单
＜5＞ Restore to Factory Default Configuration	恢复出厂配置启动： • 密码恢复功能处于开启状态时,不支持此选项 • 密码恢复功能处于关闭状态时,支持此选项
＜6＞ Skip Current System Configuration	跳过当前配置进行启动,只是本次生效,该功能一般在用户丢失口令之后使用
＜7＞ BootWare Operation Menu	BootWare 操作子菜单
＜8＞ Skip Authentication for Console Login	跳过 console 登录认证进行启动,只是本次生效,该功能一般在用户丢失 console 登录口令之后使用
＜9＞ Storage Device Operation	存储设备控制菜单,用于存储设备的选择
＜0＞ Reboot	重新启动路由器

1. 串口子菜单

通过该子菜单可以实现升级应用程序,修改串口速率等操作。

在 BootWare 扩展段主菜单下选择＜2＞可以进入串口子菜单。

```
=========================== < Enter Serial SubMenu > ===========================
|Note:the operating device is cfa0                          |
| < 1 > Download Image Program To SDRAM And Run             |
| < 2 > Update Main Image File                              |
| < 3 > Update Backup Image File                            |
| < 4 > Download Files( * . * )                             |
| < 5 > Modify Serial Interface Parameter                   |
| < 0 > Exit To Main Menu                                   |
==============================================================================
Enter your choice(0 - 5):
```

各选项含义如附表 B-3 所示。

附表 B-3　BootWare 串口子菜单

菜　单　项	说　　明
＜1＞ Download Image Program To SDRAM And Run	通过串口下载应用程序到内存并启动
＜2＞ Update Main Image File	升级主应用程序
＜3＞ Update Backup Image File	升级备份应用程序
＜4＞ Download Files(＊.＊)	下载文件
＜5＞ Modify Serial Interface Parameter	修改串口参数
＜0＞ Exit To Main Menu	返回 BootWare 主菜单

2. 以太网口子菜单

在 BootWare 扩展段主菜单下键入＜3＞,进入以太网口子菜单,系统显示如下所示。

```
=========================<Enter Ethernet SubMenu>=========================
|Note:the operating device is cfa0                                        |
|<1> Download Image Program To SDRAM And Run                              |
|<2> Update Main Image File                                               |
|<3> Update Backup Image File                                             |
|<4> Download Files(＊.＊)                                                 |
|<5> Modify Ethernet Parameter                                            |
|<0> Exit To Main Menu                                                    |
|<Ensure The Parameter Be Modified Before Downloading!>                   |
==========================================================================
Enter your choice(0－5):
```

以太网口子菜单中各选项解释如附表 B-4 所示。

附表 B-4　以太网口子菜单

菜　单　项	说　　明
＜1＞ Download Image Program To SDRAM And Run	下载应用程序到内存并启动
＜2＞ Update Main Image File	升级主应用程序
＜3＞ Update Backup Image File	升级备份应用程序
＜4＞ Download Files(＊.＊)	下载文件
＜5＞ Modify Ethernet Parameter	修改以太网口参数
＜0＞ Exit To Main Menu	返回 BootWare 主菜单

3. 文件控制子菜单

在 BootWare 扩展段主菜单中键入＜4＞,系统将进入文件控制子菜单。通过这个菜单可以实现对存储器中保存的应用程序文件显示类型、修改文件名、删除文件等操作,提示信息如下所示。

```
============================<File CONTROL>============================
|Note:the operating device is cfa0                                    |
|<1> Display All File(s)                                              |
|<2> Set Image File type                                              |
|<3> Set Bin File type                                                |
|<4> Set Configuration File type                                      |
|<5> Delete File                                                      |
|<6> Copy File                                                        |
```

```
|< 0 > Exit To Main Menu                                                    |
=================================================================
Enter your choice(0 - 6):
```

各选项含义如附表 B-5 所示。

附表 B-5　文件控制子菜单

菜　单　项	说　　明
<1> Display All File(s)	显示所有文件
<2> Set Image File type	选择下次启动时采用的 IPE 启动软件包
<3> Set Bin File type	选择下次启动时采用的主用/备用 BIN 启动软件包
<4> Set Configuration File type	设置配置文件类型
<5> Delete File	删除文件
<6> Copy File	复制文件
<0> Exit To Main Menu	返回 BootWare 主菜单

4. BootWare 操作子菜单

在 BootWare 扩展段主菜单下,键入<7>,进入 BootWare 操作子菜单。

```
=======================< BootWare Operation Menu >========================
|Note:the operating device is cfa0                                         |
|< 1 > Backup Full BootWare                                                |
|< 2 > Restore Full BootWare                                               |
|< 3 > Update BootWare By Serial                                           |
|< 4 > Update BootWare By Ethernet                                         |
|< 0 > Exit To Main Menu                                                   |
=================================================================
Enter your choice(0 - 4):
```

各选项含义如附表 B-6 所示。

附表 B-6　BootWare 操作子菜单

菜　单　项	说　　明
<1> Backup Full BootWare	备份完整 BootWare
<2> Restore Full BootWare	恢复完整 BootWare
<3> Update BootWare By Serial	通过串口升级 BootWare
<4> Update BootWare By Ethernet	通过以太网口升级 BootWare
<0> Exit To Main Menu	返回 BootWare 主菜单

附录 B.2　通过 BootWare 主菜单升级系统启动文件

附录 B.2.1　通过以太网口升级应用程序

TFTP(trivial file transfer protocol,简单文件传输协议)是 TCP/IP 协议族中的一个用来在客户机与服务器之间进行简单文件传输的协议,提供不复杂、开销不大的文件传输服务。TFTP 承载在 UDP 上,提供不可靠的数据流传输服务,不提供存取授权与认证机制,使用超时重传方式来保证数据的到达。与 FTP 相比,TFTP 软件的大小要小得多。

FTP(file transfer protocol,文件传输协议)在 TCP/IP 协议族中属于应用层协议,主要向用户提供远程主机之间的文件传输。FTP 承载于 TCP 上,提供可靠的、面向连接的数据流传输服务,但不提供存取授权与认证机制。

1. 搭建升级环境

如附图 B-1 所示,将 GE0/0 口与一台 PC 机用交叉以太网线相连。在 PC 机上启动 TFTP/FTP 程序作为服务器,并设置 TFTP/FTP 服务器的路径指向应用程序所在地址,如果是采用 FTP 服务器则还需要设置用户名和密码。

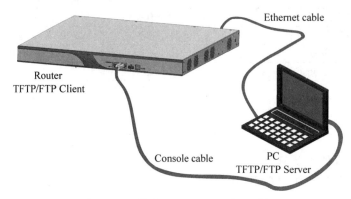

附图 B-1　搭建 TFTP/FTP 升级环境

同时在通过以太网口升级应用程序前,需要将路由器和终端的以太网口 IP 地址设置好。

注意

FTP Server 及 TFTP Server 均由用户自己购买、安装,H3C MSR 系列路由器不附带此软件。

---

2. 修改以太网口参数

上电启动 MSR 路由器,并选择进入 BootWare 扩展段主菜单,在 BootWare 扩展段主菜单下键入<3>,进入以太网口子菜单。

```
==========================< Enter Ethernet SubMenu >==========================
|Note:the operating device is cfa0                                           |
|< 1 > Download Image Program To SDRAM And Run                               |
|< 2 > Update Main Image File                                                |
|< 3 > Update Backup Image File                                              |
|< 4 > Download Files( * . * )                                               |
|< 5 > Modify Ethernet Parameter                                             |
|< 0 > Exit To Main Menu                                                     |
|< Ensure The Parameter Be Modified Before Downloading!>                     |
==============================================================================
Enter your choice(0 - 5):5
```

然后键入<5>就可以进入以太网口配置菜单,并对以太网口参数进行配置。

```
==========================< ETHERNET PARAMETER SET >==========================
|Note:      '.' = Clear field.                                              |
|           '-' = Go to previous field.                                     |
|      Ctrl + D = Quit.                                                      |
==============================================================================
Protocol (FTP or TFTP) : tftp
```

```
Load File Name        :MSR36－CMW710－R0707P12.IPE
                      :－
Protocol (FTP or TFTP) :
Load File Name        :MSR36－CMW710－R0707P12.IPE
                      :.
Load File Name        :
                      :msr36－cmw710－r0821p18.ipe
Target File Name      :MSR36－CMW710－R0707P12.IPE
                      :msr36－cmw710－r0821p18.ipe
Server IP Address     :192.168.1.1 .
Server IP Address     : 192.168.0.2
Local IP Address      :192.168.1.253 .
Local IP Address      : 192.168.0.1
Subnet Mask           :0.0.0.0
Gateway IP Address    :0.0.0.0
```

各参数显示信息及说明如附表 B-7 所示。

附表 B-7　以太网参数设置说明

显　示	说　明
'.' = Clear field	快捷键".",表示清除当前输入
'-' = Go to previous field	快捷键"-",表示返回到前一个参数域
Ctrl+D = Quit	快捷键 Ctrl+D 表示退出参数配置界面
Protocol (FTP or TFTP)	使用的传输协议,可以为 FTP 或者 TFTP
Load File Name	下载文件名,要与下载的实际文件名一致
Target File Name	存储的目标文件名,默认情况下与服务器端文件名一致
Server IP Address	TFTP/FTP 服务器的 IP 地址,需要设置掩码请使用冒号":"格开,如:192.168.0.2:24
Local IP Address	本地 IP 地址,为 TFTP/FTP 客户端设置的 IP 地址
Gateway IP Address	网关 IP 地址,当与服务器不在同一网段时需要配置网关地址
FTP User Name	FTP 用户名,传输协议为 TFTP 时,无此选项
FTP User Password	FTP 用户密码,传输协议为 TFTP 时,无此选项

如附表 B-7 所示,使用 TFTP 方式进行文件上传与下载,要下载的文件名称被修改为 msr36-cmw710-r0821p18.ipe,TFTP 服务器地址修改为 192.168.0.2(终端 IP 地址,可在终端上安装 3CDaemon 软件,并开启 TFTP 服务),本地 IP 地址修改为 192.168.0.1(即要进行升级的 MSR 路由器以太口 IP 地址)。

说明
- 在进行以太口参数设置时,一定要注意 Server IP Address 与 Local IP Address 必须与要升级的设备以太网端口及终端 IP 地址一致,否则无法下载成功。
- 要把需要下载的 IPE 或 BIN 文件提前准备好,放在 TFTP 服务器或者 FTP 服务的上传和下载文件夹目录中。
- 如果升级失败出现提示:Loading failed 时,则应重启路由器,重新设置的 IP 地址才可以生效。
- MSR 30 及 MSR 50 系列路由器只能使用 GE0/0 端口进行以太网升级。

3. 下载 IPE 或 BIN 文件

以上配置均完成后,在以太网子菜单下输入<4>下载 msr36-cmw710-r0821p18.ipe。

```
Loading.................................................................
......................................................... .
..........Done!
22165484 bytes downloaded!
Updating File cfa0:/ msr36 − cmw710 − r0821p18.ipe
```

下载完成后选择<0>,退回到 BootWare 主菜单。

4. 设置系统默认引导文件

设置更新后的应用程序为主文件,即系统默认引导文件。在主菜单中选择<4>进入文件控制子菜单。

```
============================< File CONTROL >============================
|Note:the operating device is cfa0                                      |
|< 1 > Display All File(s)                                              |
|< 2 > Set Image File type                                             |
|< 3 > Set Bin File type                                               |
|< 4 > Set Configuration File type                                     |
|< 5 > Delete File                                                     |
|< 6 > Copy File                                                       |
|< 0 > Exit To Main Menu                                               |
=======================================================================
Enter your choice(0 − 6): 2
```

进入文件控制子菜单,选择<2>,即选择下次启动时采用的 IPE 启动软件包,对套件进行解压。

```
'M' = MAIN        'B' = BACKUP        'N/A' = NOT ASSIGNED
=======================================================================
|NO. Size(B)   Time                  Type Name                         |
|1  97104896  Nov/01/2022 20:38:48  N/A  cfa0:/msr36 − cmw710 − r0615p13.ipe  |
|0  Exit                                                               |
=======================================================================
Enter file No.:1

Modify the file attribute:
=======================================================================
|< 1 > + Main                                                          |
|< 2 > + Backup                                                        |
|< 0 > Exit                                                            |
=======================================================================
Enter your choice(0 − 2):1
This operation may take several minutes. Please wait....
Image file msr36 − cmw710 − boot − r0821p18.bin is self − decompressing...
Saving file cfa0:/msr36 − cmw710 − boot − r0821p18.bin ..........................
..Done.
Image file msr36 − cmw710 − system − r0821p18.bin is self − decompressing...
Saving file cfa0:/msr36 − cmw710 − system − r0821p18.bin .......................
...............................................Done.
Image file msr36 − cmw710 − security − r0821p18.bin is self − decompressing...
```

```
Saving file cfa0:/msr36 - cmw710 - security - r0821p18.bin ......................
.................................................................. Done.
Image file msr36 - cmw710 - voice - r0821p18.bin is self - decompressing...
Saving file cfa0:/msr36 - cmw710 - voice - r0821p18.bin .........................
.................................................................. Done.
Image file msr36 - cmw710 - data - r0821p18.bin is self - decompressing...
Saving file cfa0:/msr36 - cmw710 - data - r0821p18.bin .........................
.................................................................. Done.
Set the file attribute success!
```

进入文件控制子菜单,选择<3>,设置应用程序文件类型,选择下次启动时采用的 BIN 启动软件。

```
============================= < File CONTROL > =============================
|Note:the operating device is cfa0                                          |
|< 1 > Display All File(s)                                                  |
|< 2 > Set Image File type                                                  |
|< 3 > Set Bin File type                                                    |
|< 4 > Set Configuration File type                                          |
|< 5 > Delete File                                                          |
|< 6 > Copy File                                                            |
|< 0 > Exit To Main Menu                                                    |
===========================================================================
Enter your choice(0 - 6): 3

'M' = MAIN         'B' = BACKUP          'N/A' = NOT ASSIGNED
===========================================================================
|NO. Size(B)   Time              Type Name                                  |
|1   8839168   Nov/01/2022 20:49:56  M    cfa0:/msr36 - cmw710 - boot - r0821p18.bin   |
|2   82759680  Nov/01/2022 20:50:04  M    cfa0:/msr36 - cmw710 - system - r0821p18.bin |
|3   545792    Nov/01/2022 20:51:14  N/A  cfa0:/msr36 - cmw710 - security - r0821p18.bin |
|4   1299456   Nov/01/2022 20:51:14  N/A  cfa0:/msr36 - cmw710 - voice - r0821p18.bin  |
|5   3652608   Nov/01/2022 20:51:16  N/A  cfa0:/msr36 - cmw710 - data - r0821p18.bin   |
|0   Exit                                                                    |
===========================================================================
Note:Select .bin files. One but only one boot image and system image must be included.
```

按照提示选择升级主文件,其中 boot 和 system 文件是必选的。

```
Enter file No.(Allows multiple selection):1
Enter another file No.(0 - Finish choice):2
Enter another file No.(0 - Finish choice):0
You have selected:
cfa0:/msr36 - cmw710 - boot - r0821p18.bin
cfa0:/msr36 - cmw710 - system - r0821p18.bin
```

输入需要修改的文件名的编号。

```
Modify the file attribute:
===========================================================================
|< 1 > + Main                                                               |
|< 2 > + Backup                                                             |
|< 0 > Exit                                                                 |
===========================================================================
Enter your choice(0 - 2):1
```

This operation may take several minutes. Please wait....
Set the file attribute success!

输入"1",将被选定的应用程序设置为主文件,即系统默认引导文件。

选择<0>,返回 BootWare 主菜单。选择<1>,引导系统进行重启即可。

注意

如果输入的应用程序文件名与 CF 卡中或者 Flash 中原有文件的文件名一样,系统将提示:The file is exist,will you overwrite it?[Y/N],选择[y],则直接覆盖 CF 卡或者 Flash 中的应用程序文件。升级后的应用程序文件将直接替换原来该类型文件,成为唯一的应用程序。

请注意存储设备的存储空间是否足够,否则系统将提示空间不足:The free space isn't enough!

升级后的文件将直接替换原来该类型文件,成为唯一的应用程序。本例中下载的文件将直接替换原来的 M 类型文件成为主启动程序。

设备只允许对根目录下的启动文件设置主备属性。

附录 B.2.2 通过串口升级应用程序

在没有网线不能通过以太口对设备进行升级的情况下,也可以通过串口(Console 口)升级 BootWare。可使用 XModem 协议上传升级应用软件,但该方式传输速率较慢,需要时间较长,一般不推荐此方式。

1. XModem 协议简介

通过串口升级 BootWare 和应用程序可使用 XModem 协议。

XModem 协议是一种文件传输协议,因其简单性和较好的性能而被广泛应用。XModem 协议通过串口传输文件,支持 128 字节和 1K 字节两种类型的数据包,并且支持一般校验和 CRC 两种校验方式,在出现数据包错误的情况下支持多次重传(一般为 10 次)。

XModem 协议传输由接收程序和发送程序完成。先由接收程序发送协商字符,协商校验方式,协商通过之后,发送程序就开始发送数据包,接收程序接收到一个完整的数据包之后按照协商的方式对数据包进行校验。

- 如果校验通过,则发送确认字符,然后发送程序继续发送下一个数据包。
- 如果校验失败,则发送否认字符,然后发送程序重传此数据包。

2. 修改串口速率

通过串口对应用程序的升级,是在串口子菜单下实现的。可以在 BootWare 主菜单下输入<2>,就会进入串口子菜单。对该菜单的详细解释请参见进入串口子菜单,输入<5>对端口速率进行修改。

```
========================< Enter Serial SubMenu >========================
|Note:the operating device is cfa0                                      |
|< 1 > Download Image Program To SDRAM And Run                          |
|< 2 > Update Main Image File                                           |
|< 3 > Update Backup Image File                                         |
|< 4 > Download Files( * . * )                                          |
|< 5 > Modify Serial Interface Parameter                               |
|< 0 > Exit To Main Menu                                                |
========================================================================
Enter your choice(0 - 5): 5
```

有时为了节省升级软件的时间,需要提高串口的传输速率;有时为了提高传输的可靠性,又需要降低串口的传输速率。选择合适的下载速率,我们以 115200bps 为例:输入<5>,路由器将提示如下信息。

```
========================< Enter Serial SubMenu >========================
|Note:' * 'indicates the current baudrate                              |
|    Change The HyperTerminal's Baudrate Accordingly                   |
| -----------------------< Baudrate Avaliable >---------------------- |
|< 1 > 9600(Default) *                                                 |
|< 2 > 19200                                                           |
|< 3 > 38400                                                           |
|< 4 > 57600                                                           |
|< 5 > 115200                                                          |
|< 0 > Exit                                                            |
========================================================================
Enter your choice(0 - 5):
Baudrate has been changed to 115200 bps.
Please change the terminal's baudrate to 115200 bps, press ENTER when ready.
```

因为路由器的串口波特率已经修改为 115200bps,而终端的波特率还为 9600bps,双方是无法通信的。所以根据上面提示,改变配置终端设置的波特率,使其与所选的下载波特率一致,如附图 B-2 所示。

附图 B-2　修改波特率

说明

　　如果通过改变速率下载文件升级 BootWare,完成后应及时将超级终端的连接速率恢复为 9600bps,以防止启动或重新启动时无法显示屏幕打印信息。

---

3. 上传升级应用软件

```
Please Start To Transfer File, Press < Ctrl + C > To Exit.
Waiting ...CCCCCCCCCC
```

此时可以开始使用 XModem 传输了。以 SecureCRT 为例,选择传输中的"发送XModem",在终端相关目录选择相应的 IPE 文件或者 BIN 文件即可。

```
Transferring MSR36 - CMW710 - R0821P18. ipe...
     0 %    47 KB    6 KB/s 03:55:16 ETA    0 Errors
```

可见 XModem 的传输速率很低,只有 6KB/s,整个上传过程需要将近 4 小时,因此一般不采用 XModem 的方式进行升级。

说明

图中所示文件名、文件大小、文件路径等参数会因具体情况而不同,进行升级前应确认当前的 BootWare 版本及应用程序版本,以便使用正确的文件。

如果通过改变速率下载文件升级 BootWare,完成后应及时将超级终端的连接速率恢复为 9600bps,以防止启动或重新启动时无法显示屏幕打印信息。

---

4. 设置系统默认引导文件

该步骤同通过以太口升级应用程序的步骤是一样的,详细升级步骤请参见通过以太口升级应用程序。

参 考 文 献

[1] 新华三认证,https://www.h3c.com/cn/.

[2] 新华三人才研学中心,https://www.h3c.com/cn/Training/.

[3] 产品文档中心-新华三集团-H3C,https://www.h3c.com/cn/Service/Document_Software/Document_Center/.

[4] HCLHub 社区,http://hclhub.h3c.com/home.